肉桂醛基衍生物结构与抑菌性能构效关系

李淑君　王　慧　著

科 学 出 版 社
北　京

内 容 简 介

本书围绕肉桂醛基衍生物结构与抑菌生物活性定量构效关系，从肉桂醛基衍生物合成与抑菌活性分析入手，在获得肉桂醛基衍生物结构信息和活性数据的基础上，通过数学分析建立了定量构效关系模型。重点介绍了肉桂醛席夫碱类化合物结构与活性的定量构效关系，分析了影响其活性的主要因素，并利用模型进行了新肉桂醛席夫碱衍生物的结构设计与活性筛选，实现目标定制。此外介绍了肉桂醛及其衍生物在木材防腐、防霉保护，以及在抗菌包装膜材料方面的应用等。

本书可供从事林产化学加工工程、木材科学与技术、轻化工程等领域的师生和其他科研人员、工程技术人员等使用和参考。

图书在版编目(CIP)数据

肉桂醛基衍生物结构与抑菌性能构效关系 / 李淑君，王慧著. —北京：科学出版社，2020.9

ISBN 978-7-03-065940-8

Ⅰ. ①肉… Ⅱ. ①李… ②王… Ⅲ. ①肉桂-醛-衍生物-结构-研究 ②肉桂-醛-衍生物-抑菌-研究 Ⅳ. ①S567.1

中国版本图书馆 CIP 数据核字(2020)第 161914 号

责任编辑：霍志国 / 责任校对：杜子昂
责任印制：吴兆东 / 封面设计：东方人华

科学出版社 出版
北京东黄城根北街 16 号
邮政编码：100717
http://www.sciencep.com

北京中石油彩色印刷有限责任公司 印刷
科学出版社发行 各地新华书店经销

*

2020 年 9 月第 一 版 开本：720×1000 1/16
2020 年 9 月第一次印刷 印张：9 1/4
字数：184 000

定价：98.00 元

（如有印装质量问题，我社负责调换）

前　　言

定量构效关系(QSAR)是利用计算机技术,在已有化合物结构信息和活性数据的基础上,通过数学分析建立化学结构和生物活性之间的定量构效关系模型,可用于从分子水平上理解化合物的结构与活性之间的关系,分析影响化合物活性的主要因素,为新化合物的设计、筛选提供帮助。

肉桂醛是一种天然的强抑菌活性物质,能够抑制多种真菌和细菌的生长,天然存在于肉桂树的树皮、枝叶当中。肉桂醛是一种安全的食品药品添加剂,主要用于食品防腐、药物、活性包装材料、饲料等领域。然而肉桂醛存在易挥发、易氧化、气味浓烈、刺激性强等缺陷,限制了其广泛应用。因此,在获得肉桂醛基衍生物结构与生物活性的基础上,建立定量构效关系模型,并用于衍生物的结构设计与活性筛选,实现目标定制,具有重要的意义。

本书以作者研究团队多年来的研究成果为基础,收集了大量文献,围绕肉桂醛衍生物的抑菌性能与定量构效关系研究展开论述。第 1 章主要论述了肉桂醛性质、定量构效关系研究方法及肉桂醛席夫碱化合物的文献相关内容,主要由李淑君、王慧、张园园撰写。第 2、3 章为常见的肉桂醛基衍生物的抑菌性能、定量构效关系研究,主要由李淑君、张园园撰写。第 4 ~ 6 章主要论述了肉桂醛重要的一类衍生物——肉桂醛席夫碱化合物,其中涵盖了多种肉桂醛席夫碱化合物的合成、抑菌性能及针对肉桂醛席夫碱类化合物的定量构效关系研究。利用定量构效关系的研究方法从分子水平上解析肉桂醛基衍生物的化学结构与抑菌性能间的内在关联,并以此为理论基础设计筛选具有高效抑菌性能的新型肉桂醛衍生物。该部分主要由李淑君、王慧、张园园撰写。第 7 章主要论述了肉桂醛基衍生物在不同领域的潜在应用,包括肉桂醛基衍生物在木材防腐、防霉保护方面的应用,以及在抗菌包装膜材料方面的应用等,由李淑君、王慧、袁海舰、杨冬梅撰写。

本书内容为作者研究团队关于肉桂醛基衍生物结构与生物活性构效关系的最新研究成果,获得黑龙江省杰出青年科学基金项目(JC2017003)、教育部博士点基金资助课题(20130062110003)和国家自然科学基金面上项目(31870553)等的资助,特致诚挚谢意。期盼本书的出版能够帮助读者深入了解肉桂醛基衍生物、肉桂醛基化学结构和抑菌活性之间的定量关联、肉桂醛基衍生物的应用。然而科学研究领域发展迅速，新衍生物、新性能、新应用，以及新的定量构效关系研究方法层出不穷，不可详尽。限于水平和时间，书中不妥之处在所难免，敬请读者批评指正。

作　者

2020 年 6 月

目　　录

第 1 章　绪　　论

1.1　肉桂醛的来源及理化性质

1.1.1　肉桂醛来源

肉桂醛(cinnamaldehyde, cinnamic aldehyde),也被称为桂皮醛、桂醛、β-苯丙烯醛、3-苯基-2-丙烯醛,系醛类化合物,无色或淡黄色液体,是中国传统中药肉桂油的主要活性成分(含量超过 75%)[1,2]。天然产品主要存于肉桂油、桂皮油、玫瑰油、藿香油、风信子油中[3]。

目前国内常用的肉桂醛来源有两种,一种是从肉桂油中提取得到,另一种是合成得到[4]。肉桂油常用的提取方法有水蒸气蒸馏法[5]、有机溶剂浸提法和超临界 CO_2 萃取法[6]。肉桂醛的合成工艺主要是通过苯甲醛与乙醛在一定的催化条件下(如氢氧化钠)反应制备而成[7](图 1-1)。

图 1-1　苯甲醛与乙醛合成肉桂醛

1.1.2　肉桂醛的理化性质

肉桂醛外观为无色或淡黄色液体,肉桂醛在醇、醚类溶剂中有很好的溶解度,不溶于水但可以随着水蒸气挥发。肉桂醛在空气中极易挥发,不稳定,容易被氧化为肉桂酸[8],在强酸性或者强碱性介质中不稳定,易导致变色[9],其理化性质见表 1-1。

表 1-1　肉桂醛的理化性质

项目	指标
分子式	$C_6H_5CH{=}CHCHO$
CAS 号	104-55-2
醛含量(%)	≥98

续表

项目	指标
酸值(mg KOH/g)	≤2.0
折光率(20℃)	1.619～1.623
相对密度(25℃)	1.045～1.053

1.1.3　肉桂醛的抗菌性能及抗菌机理

肉桂醛是一种天然存在的杀菌剂[10]，能够抑制大多数真菌的生长，例如黑曲霉、桔青霉、酵母菌和彩绒革盖菌等，同时肉桂醛对细菌也具有非常明显的生长抑制作用[11]，例如对大肠杆菌、枯草芽孢杆菌、李斯特菌和肺炎球菌等。Cocchiara等[8]采用滤纸片法广泛地研究了肉桂精油对多种真菌和细菌的抑菌性能，研究表明肉桂精油对革兰氏阳性菌(金黄色葡萄球菌等)和革兰氏阴性菌(大肠杆菌等)细菌的生长有明显抑制作用。研究还发现，肉桂醛对真菌的抑制效果好于对细菌的抑制效果。Cheng等[10]采用生长曲线法测试了肉桂醛对真菌的抑制活性，肉桂醛的抑真菌指数可以达到100%。

肉桂醛的抑菌机理在近年来得到了广泛研究，戴向荣等[12]研究了肉桂醛对真菌的抑制机理，发现肉桂醛作用后，细胞超微结构发生明显变化，如细胞器消失，胞壁、胞浆等均发生凝固、变性等。对肉桂醛抑制真菌的研究机理较多，尤其是对霉菌、黄曲霉的研究，初步研究表明肉桂醛能通过损伤黄曲霉细胞质膜而进入细胞，使胞内大分子空间结构改变，并且有序的新陈代谢被破坏，导致黄曲霉无法继续生长。Zhang等[13]研究了肉桂醛对细菌的抑制机理，发现大肠杆菌和金黄色葡萄球菌暴露在肉桂醛中，细菌细胞膜的完整性被破坏(图1-2)，其细胞膜内渗透性改变，导致β-半乳糖苷酶的泄露等。

通过对现阶段的肉桂醛抑菌机理的研究，大致可以分为以下情况：①肉桂醛通过影响菌体细胞壁成分如几丁质、壳多糖等，破坏细胞壁，使药物进入菌体细胞内；②肉桂醛作用于细胞膜，破坏菌体细胞膜的通透性，使细胞内外渗透压失衡，胞内代谢紊乱，导致细胞死亡；③肉桂醛通过氧化胁迫损伤菌体细胞，致使细胞内ROS累积，细胞氧化衰老死亡；④肉桂醛通过抑制菌体细胞内蛋白质、DNA、RNA等物质的合成，破坏大分子代谢，影响细胞正常的生理周期，从而抑制病菌的生长繁殖。

然而，这些关于肉桂醛杀菌机制的研究都集中在生理现象的变化，并没有涉及具体的靶标、结合位点、结合作用力等，并不能解释肉桂醛对不同微生物抑菌活性的巨大差异。结合化学结构和抑菌效率之间的关系来研究肉桂醛对不同微生物的抑制机制在未来可能被大量地研究。

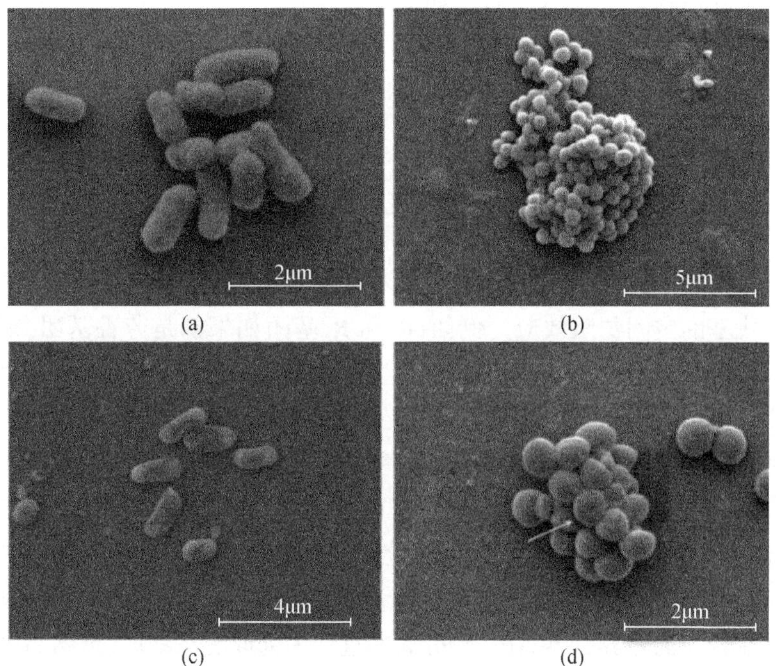

图1-2　大肠杆菌和金黄色葡萄球菌细胞的扫描电镜图

(a)和(b)为未处理的大肠杆菌和金黄色葡萄球菌;(c)和(d)为以肉桂醛的最小抑菌浓度处理大肠杆菌和金黄色葡萄球菌后的细菌形貌[13]

1.2　肉桂醛席夫碱

1.2.1　席夫碱概述

席夫碱(Schiff base)化合物是具有亚氨基($\gt C{=}N-$)的一类化合物,是由含活泼羰基的化合物和胺、醇胺等发生缩合反应所形成的一类化合物[14]。席夫碱化合物自1864年第一次合成以来就备受关注[15],主要是由于席夫碱化合物中的亚氨基赋予席夫碱一些特殊的性质[16]。目前席夫碱及其配合物主要应用于医药方面,作为抗菌剂、抑制剂、抗肿瘤药剂等[17]。席夫碱还可与金属配合形成与金属的配合物[18],与金属配合后,抗菌、抗肿瘤的性质也有所提高。席夫碱及其配合物除了广泛应用于医药等领域外,在分析、防腐、冶金等众多领域也有广阔的应用前景[19]。

1.2.2　席夫碱的合成方法

席夫碱化合物的合成属于亲核加成反应,反应过程中涉及加成、电子重排和水分子的消去等过程[20]。该反应过程如图 1-3 所示。

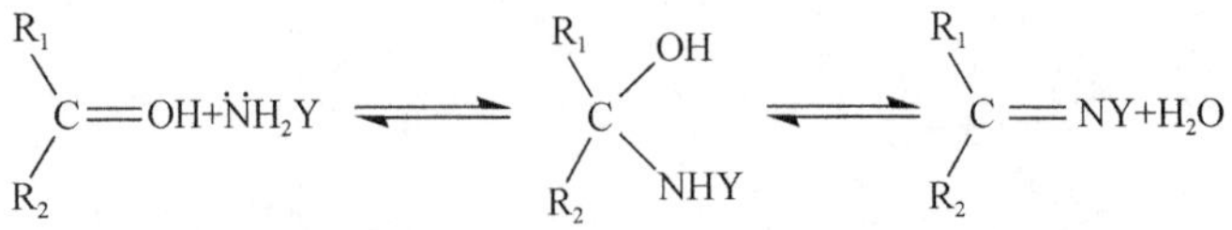

$$R_1R_2C{=}O + \dot{N}H_2Y \rightleftharpoons R_1R_2C(OH)(NHY) \rightleftharpoons R_1R_2C{=}NY + H_2O$$

图 1-3 席夫碱化合物的合成原理

在反应过程中,电子效应对反应的顺利进行起到了至关重要的作用,如羰基基团一侧取代基的空间位阻效应。例如,R_1 和 R_2 基团如果都是芳香基团,则会使空间位阻很大,亲核试剂无法进攻碳原子发生反应,但是芳香基团的引入可以与氧原子和氮原子上的孤电子对形成共轭效应,生成的产物比其他席夫碱产物稳定性高。肉桂醛是典型的芳香醛化合物,能够与氨基化合物形成较稳定的席夫碱[21]。

席夫碱的制备反应条件温和,方法简单,通常需加入质子酸作为催化剂,可以采用一步合成法进行[22]。当遇到反应活性较低、产物不稳定的情况可以采用加入金属离子的模板反应法、分步反应法或逐滴反应法。通常反应产物和原料在溶解性方面存在较大的差异,所以在产物分离的过程中采取洗涤萃取、重结晶等方式得到纯度较高的反应产物[23]。

1.2.3 肉桂醛席夫碱的研究现状

肉桂醛席夫碱化合物属于芳香类席夫碱,在肉桂醛的醛基和氨基发生亲核加成反应后生成亚胺结构,亚氨基上氮原子与肉桂醛紧连的双键和苯环形成了共轭体系,使得肉桂醛类席夫碱更加稳定[24]。近年来肉桂醛席夫碱化合物的研究也是科研工作者关注的热点[25]。中国海洋大学的金晓晓等[26]以肉桂醛和壳聚糖反应制备了肉桂醛–壳聚糖席夫碱,并探究了该席夫碱化合物对大肠杆菌和金黄色葡萄球菌的生物活性。研究结果表明,肉桂醛–壳聚糖席夫碱的抑菌效果稍强于原料壳聚糖和肉桂醛。Sheikh 等[27]以 α-甲氧基肉桂醛和乙二胺为原料,合成了 N,N-二甲氧基肉桂醛-1,2-乙二胺($C_{22}H_{24}N_2$),并与金属 Ni 和 Co 配合形成配合物[$Ni(C_{44}H_{48}N_4Cl_2)$]和[$Co(C_{44}H_{48}N_4Cl_2)$],研究了席夫碱和金属配合物对念珠菌类病菌的抑制活性。研究表明,席夫碱及其配合物的合成明显增加了 α-甲氧基肉桂醛的生物活性。Joseph 等[28]以肉桂醛和 2-氨基苯并噻唑为原料制备了席夫碱化合物和金属 Cu 的配合物,并测定了席夫碱化合物和金属配合物对于多种真菌和细菌的生物活性。与肉桂醛相比,席夫碱化合物及其 Cu 配合物也明显增加了化合物的抑菌性能。由此可见,肉桂醛席夫碱化合物具有优良的抑菌性能,具有很好的应用前景[29]。

1.3　定量构效关系简述

定量构效关系(QSAR)是研究者利用计算机来辅助设计化合物的一种方法[30],即是利用计算机技术对已有化合物的结构信息和活性进行数学分析,建立化学结构和生物活性之间的关系,并用数学公式表达出来[31]。QSAR的发展伴随着计算机技术的发展向前推进,目前QSAR的研究日益成熟,其应用范围涉及生物、药物科学、化学及环境科学等诸多学科[32]。然而应用最多的领域仍然是新药物的设计和环境毒理学领域[33]。人们期望用成功的运算模型,从分子水平上理解化合物的结构性质同其宏观活性之间的关系,探求相互作用规律,从而推论影响化合物性质的主要因素,为进一步的结构修饰提出建议[34]。同时通过分析影响化合物性质的主要因素,也能为新化合物的设计、筛选提供信息[35]。

定量构效关系研究步骤主要包括数据的收集、模型的建立、主要影响因素(描述符)的分析、模型的验证和新化合物的设计,如图1-4所示。

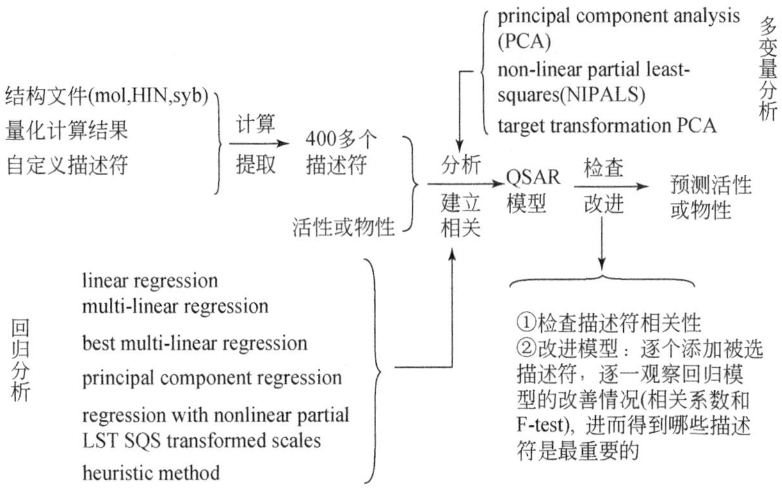

图1-4　CODESSA的使用方法

1.3.1　化合物结构描述符

分子结构描述符又称为分子结构参数,是一个分子的数学表征。通常是把分子结构转换成数学信息[36]。分子结构描述符是进行QSAR计算的前提,这些描述符数值中包含了分子的各种结构信息[37]。在研究过程中,有些分子结构参数是可以通过实验手段得到的,例如熔点、沸点、水中的溶解度、分子量等,这些参数具有明确的物理化学意义,但是要获得参数却是一个耗时耗力的过程。还有一些参数是可以通过化学计算得到的，例如分子表面积、分子体积等[38]。

在目前的研究条件下，很多软件可以计算结构描述符。例如 CODESSA 软件，该软件就可以计算将近 400 多个描述符，计算过程快速、简洁。CODESSA 软件中的描述符包括组成描述（例如分子中 O、N 或者 C 原子的数量，叁键或者双键的数量等）；拓扑描述符；分子信息论指数；量子化学描述符（例如原子电荷、分子轨道能级、极性参数、轨道间隙能量等）等以及其他的一些描述符[39]。在这些描述符中，最为重要的描述符是量子化学描述符[40]，亲电、亲核反应性等[41]。

1.3.2 定量构效关系的建模方法

在目前的研究中，使用较多的定量构效关系模型的建模方法有多元线性回归法、偏最小二乘法、主成分分析法、启发式方法、主成分分析法、人工神经网络、遗传算法、聚类分析法和支持向量机方法等[42,43]。

1. 多元线性回归法

多元线性回归（multi-linear regression，MLR）法是常用的数学统计方法，在定量构效关系模型的建立中是最常用方法之一[44]。多元线性回归法的优点是通过分析计算可以得到一个因果模型，并且该模型具有明确的物理意义[45]。多元线性回归法的使用要满足以下条件：①描述变量和参数之间是相互独立的，这是多元线性回归的基础。②样本数要大于模型描述参数的个数，一般要在三倍以上的关系，3～10倍为最佳。通过多元线性回归法计算，得到的模型可以通过一个多元线性方程表达[46]：

$$y=b_0+b_1x_1+b_2x_2+\cdots+b_nx_n$$

式中，b_0是常数项，b_n 是自变量 x_n对应的偏回归系数。多元线性回归法是建立在自变量之间是相互独立的基本假设之上的，所以多元线性回归法的缺点就是无法准确地描述相关关系中的非线性因素[30]。

2. 启发式方法

启发式方法（heuristic method，HM）是一种比较简便的建模方法，其最大的优点在于可以快速地计算和建模，比较适合小样本的计算[47]。通过启发式方法可以看出哪些描述符间相关性比较高，从而剔除没有意义的描述符[48]。启发式法得到的结果有利于减少描述符的个数。

3. 主成分分析法

主成分分析法（principle component analysis，PCA），总体思路是多变量降维。

主成分分析的原理是将多个自变量综合为少量的综合变量,这些综合变量能够反映出多个变量的重心[49]。这样就去除了变量间信息的相互重叠问题。这是一种数学变换方法,把多个相关变量线性变换成一些不相关的变量。主成分分析法的优点是能够解决多重共线性的问题;存在的问题就是主成分意义不是非常明确,与因变量之间的关系不直接[50]。

4. 偏最小二乘法

偏最小二乘法(partial least squares,PLS)是以主成分分析为基础的一种多元统计方法[51]。偏最小二乘法最大的优点是可以解决变量间的共线性和数值的部分缺失问题。因此,当发现自变量间存在比较严重的相关性时,使用偏最小二乘法是很好的选择。该方法的特点是:①可以在自变量间出现严重相关性的前提下进行回归计算建模;②同样适合样本数较少的情况;③建立的模型信息量全面,回归系数容易解释[52]。

1.3.3 定量构效关系模型的验证方法

1. QSAR 模型内部验证方法

通过数据的收集整理,模型的建立,拟合出各种的统计模型。但是拟合出的这些模型是否可用?是否具有稳定性?是否能够有效、真实地反映化合物结构和活性之间的关系?是否可以用于预测未知样本的活性?这就需要对模型进行严格的统计验证[53]。一般严格的 QSAR 模型验证方法包括内部验证、外部验证和蒙特卡罗交叉验证。内部验证方法包括留一法(LOO)交叉验证、留多法(leave-many-out,LMO)或留 N 法(leave-N-out,LNO)交叉验证、y 随机化验证和自举法等[54]。

LMO 或 LNO 交叉验证也是检验模型是否可靠的另一种方法。主要以训练集(training test)的拟合能力和对测试集(test set)的预测能力两个方面来考虑。具体方法为将样本分为训练集和预测集,对训练集的样本进行线性、非线性拟合,以所得到的相关性系数 R^2 和标准偏差作为评价标。相关性系数 R^2 越接近 1,标准偏差越小,说明变量之间的线性相关程度密切,测量精度越高,得到的模型越好。在留多法验证时一般可以采用 n 重交叉验证[55]。

假设有 n 个样本的数据集,将数据集分成相等大小的 m 组。每次以 $(m-1)$ 组样本作为训练集进行拟合分析,然后预测剩下一组。这样循环直至每一组都被其他训练组预测过。最后仍然以训练集的相关性系数 R^2 和标准偏差作为评价标准。最后获得的相关性系数 R^2 越接近 1,标准偏差越小,和原模型的数值越接近,说明所验证模型的稳定性好,预测能力高[56]。同样的方法,如果是 LOO 交叉验证中,对

于样本数为 n 的训练集,从 n 个样本数中抽出一个化合物为测试集,剩余的 $(n-1)$ 个样本作为训练集,用训练集建立回归模型,并用该模型来预测被抽出的测试集样本。这样依次抽出第二个、第三个……第 n 个样本作为测试集,用同样的方法进行验证模型。在完成验证操作时,原模型则执行了 n 次的交叉验证。然后计算 n 次抽出样本的因变量 LOO 预测值 (y_i) 与原抽出样本的因变量实验值 (y) 之间的相关系数 (R^2_{LOO}) 及 LOO 交叉验证均方根误差,来评价模型内部预测能力[57]。

2. QSAR 模型外部验证方法

模型外部验证的最好办法是利用具有代表性和足够大的检验集(也称为预测集)来验证,并且该检验集的预测值可以与观测实验值相比较。外部验证通常把整体数据集拆分为训练集和检验集,用检验集验证训练集模型。Tropsha 将整体数据集拆分为训练集、检验集和外部验证集(external validation sets),进而验证模型的预测能力。模型外部预测能力通过不同统计量或统计方法进行评价[58]。

1.3.4 定量构效关系的研究领域和新进展

1. 高通量筛选

在药物研究过程中,具有药物活性的物质的发现是一个极为重要的过程。在人类文明的发展进程中,从神农尝百草的亲身体验到采用动物实验是一个进步[59]。但是每个药物长达十余年之久的研究时间,以及高达 3 亿美元的研制开发费用,仍然严重影响着药物的研发过程[60]。随着长期药物研究经验的积累、科学技术的进步及微电子技术的发展,形成了药物发现过程的新方法,即高通量筛选(high-throughout screening),又称为大规模群集式筛选[61]。

高通量筛选是近几年迅速发展起来的药物筛选技术,通过运用基因科学、蛋白质科学、分子药理学、细胞药理学、微电子技术等多学科理论和技术,以及与疾病相关的酶和受体为作用靶点,对天然或合成化合物进行活性测试,并在此基础上进行筛选[62]。高通量筛选具有快速、高效、经济、高特异性等优点,其中所用的样品量甚少的特点尤其适用于天然化合物的活性筛选[63]。

2. 定量构效关系研究方法在医药领域的应用

QSAR 的研究对象涉及化合物的生物活性(抑菌性和抗氧化性等)、药物的各种代谢动力学参数以及分子的各种物理化学性质和环境行为等。QSAR 涉及的研究领域包括化学、生物、环境等领域[64]。

定量构效关系在现代药物设计方法中占据着非常重要的位置,是应用最为广泛的药物设计方法[65]。发现和开发一个新的化学实体(NCE)并使之作为新药推向市场是一个漫长、费力且昂贵的过程,因为发现具有良好活性、选择性、稳定性和安全性的新化合物的概率很低[66]。从1980年开始,传统的药物设计进入了一个新的阶段——合理药物设计(rational drug design,RDD)阶段[67]。所谓RDD是以生物化学、分子生物学、酶学及计算信息学的发展和研究成果为基础的。这是当前药物发现的主要方向[51]。快速发展的分子生物学、组合化学、高通量筛选、生物信息学与计算机辅助药物分子设计已经成为现代药物研究的主要技术,大大缩短了新药开发的周期,提高了药物开发效率。计算机辅助设计(CADD)是利用配体和受体之间相互作用关系来提高效率。QSAR与定量结构性质关系(QSPR)则是利用计算机技术快速地筛选和确定目标化合物,节约了时间成本和资金成本[68]。

3. 定量构效关系研究方法在环境领域的应用

随着工农业生产的发展,大量化学品被排放到环境中,而大多数化学品都对人和其他生物有直接或潜在的毒性危害。通常这些污染物(如多氯联苯、多环芳烃、多氯联苯等)具有难降解性、高脂溶性以及生物富集性等特点,潜在的毒性很大[69]。通常工业上关于化学品风险的测试存在实验数据不全面、化合物已测数据较少的问题。目前,在美国CAS注册的化合物已经超过4000多万个,但是这些化合物很少有测试的数据[67]。受时间和资金的限制,人们不可能对众多化学品进行一一测定,正是由于对这些化合物物理化学性质的直接测试满足不了客观发展上的需要,所以近年来人们进行了大量的定量结构性质相关关系研究[51]。

用定量结构性质的模型可以预测已投放及未投放市场的化合物的毒性,也可以根据化合物较易测量或计算的理化参数对其毒性进行定量估算。目前,QSAR研究已经在环境化学领域得到了广泛的应用,所研究的数据几乎包含了所有已知的环境污染物对多种动物和人类的环境行为[57]。其中,对一些容易在生物体内富集、在环境中存在持久、随大气迁移、对人类和环境造成严重影响的污染物的研究是当前研究的热点[66]。

1.4　肉桂醛及其衍生物的应用

1.4.1　肉桂醛的应用

1. 食品防腐

由于肉桂醛具有广谱抑菌活性,能够抑制大多数真菌、细菌等的生长[70],并且肉桂醛相对毒性小,能够满足人们对食品安全的要求[71],美国食品药品监督管理局(FDA)已经允许将肉桂醛作为添加剂加入食品中[72]。

肉桂醛在食品工业上大多用作食品添加剂,用于食品的杀菌、防腐、保鲜等[73]。何衍彪等利用肉桂醛乳油对芒果的保鲜进行实验,结果表明比传统杀菌剂的防治效果好。Ya 等[74]采用标准稀释法研究了近 30 种植物提取物的抗菌活性及其毒性,发现肉桂精油是最安全和最高效的自然抑菌物质,所测试的 6 种细菌对肉桂醛都较为敏感。Matan[75]也研究了肉桂醛和其他精油成分对于食品源霉菌等的协同抑菌作用。研究结果表明,肉桂油和丁香油间的某些组分存在协同效应。

2. 医药方面

肉桂醛在医药领域的应用分为四个方面:①肉桂醛的杀菌、消毒、防腐作用,研究表明肉桂醛对已知大多数微生物具有很强的抑制能力,尤其是对真菌的抑制能力更强,所以肉桂醛作为抗菌剂被大量使用研究[76]。②肉桂醛的抗病毒作用,研究表明肉桂醛能够抑制病毒的传代表达,从而起到抑制病毒甚至杀死病毒的作用。例如肉桂醛对流感病毒-SVl0 引起的肿瘤生长表现出超强的抑制作用[77]。近几年关于肉桂醛的衍生物抗病毒作用被广泛研究[76]。③抗肿瘤作用[78]。④肉桂醛抑制脂肪分解的作用,研究发现肉桂醛通过抑制肾上腺素和 ACTH 对脂肪酸的游离作用,从而起到促进葡萄糖的脂肪合成作用。研究发现肉桂酸也存在相同的作用,但是肉桂醛的作用远大于肉桂酸,只是活性差于肉桂醛。因此,目前关于肉桂醛在血糖调控方面的研究很多,主要通过加强胰岛素替换葡萄糖的性能,达到了预防和治疗糖尿病作用。同时 Sangal[78]等研究发现肉桂醛在糖尿病的预防和治疗方面有一定的贡献,能够降低糖尿病的发展进程,减少并发症的发生。

3. 抗菌活性包装方面

随着食品包装技术的发展,新型的包装技术不断涌现,活性包装便是其一。基于对消费者身体健康和环境保护等方面的考虑,目前,活性包装的最新研究主要是将天然抗氧化剂和抗菌剂加入生物可降解的包装材料中,制备对人体无害且环境友好的包装材料[79]。影响食品变质和安全性的主要因素是食品表面的微生物生长繁殖和空气中氧气的氧化作用,所以抑菌包装和抗氧化包装是活性食品包装研究中的热点[80]。当包装系统具有抗菌性能后,可以通过延长微生物的滞后期、降低微生物生长速率和减少微生物的活菌数等方式抑制微生物的生长。

从植物中提取出来的天然抑菌物质是制备抗菌包装的较好选择,例如槲皮素、姜黄素、肉桂醛等。结果表明,将具有抑菌性的肉桂油加入壳聚糖中制备涂层,可以显著提高壳聚糖的抑菌活性,达到延长虹鳟鱼保质期的目的。

Ojagh 等[81]以肉桂精油作为活性物质制备了壳聚糖肉桂精油的可食性膜。近几年,可持续可降解的生物质材料也得到了大量的研究和开发,例如多糖类、蛋白质类、脂肪类等[82]。Souza 等[83]以肉桂醛精油为活性添加物质,木薯淀粉作为膜基质材料,制备出性能优良的抗菌膜材料。然而大多数天然高分子膜材料是亲水性材料,遇水易膨胀,当与精油类活性物质成膜时相容性变成了最大的挑战,活性物质和膜基质材料的互不相容可能造成膜材料出现断层或孔隙,对成膜材料的机械强度造成很大的影响,如图 1-5 所示。

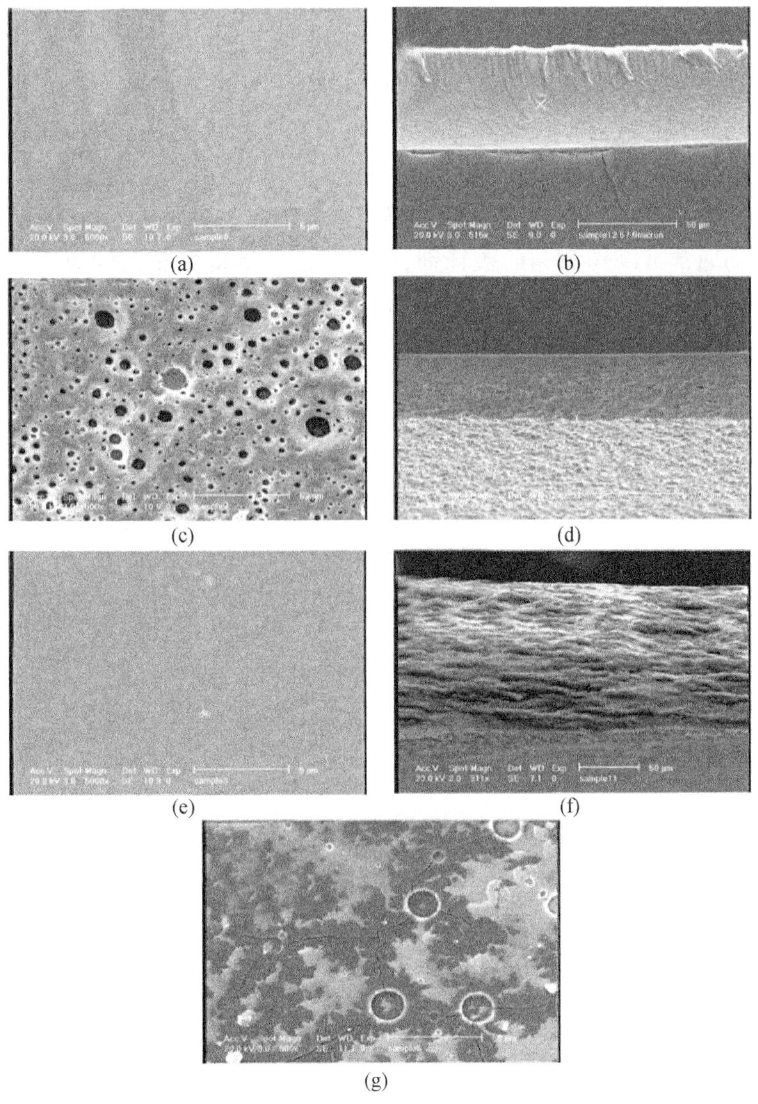

图 1-5　包覆不同种类精油的壳聚糖膜的扫描电镜(SEM)

(a),(b):壳聚糖膜的表面和断面;(c),(d):包覆百里香精油膜表面和断面;(e),(f):包覆肉桂精油膜的表面和断面;(g):包覆丁香精油膜的表面[84]

目前这方面的研究大多数采用加入乳化剂来解决膜基质材料与活性物质和精油类活性物质互不相容的问题[85]。也有人采用先成膜,后通过建立膜基质材料和抑菌物质之间化学链接的方法来解决此问题。Higueras 等[82]将肉桂醛通过化学反应的形式固定在壳聚糖膜的表面的化学键和方式,增加了壳聚糖自身成膜的抗菌效果,实验证明肉桂醛的迁移性明显降低,使用更加安全。

1.4.2　肉桂醛席夫碱的应用

席夫碱化合物与金属配合物被广泛地应用于医学、催化、分析化学、腐蚀和光致变色等领域[86]。席夫碱最大的用途是利用其活性,例如抑菌、杀菌和抗肿瘤抗病毒的作用[87]。已有很多席夫碱化合物成功应用于医药领域。席夫碱易与金属形成配合物,例如镍、铜等席夫碱的配合物不仅在生物活性方面有所改善[88],而且具有一些其他的性质,如催化作用、发光性能等[89]。席夫碱的金属配合物还被用在分析化学领域,例如鉴别金属离子和确定金属离子的含量[86]。一些芳香族的席夫碱化合物通常可以作为铜的缓释剂,并在腐蚀领域得到相关的应用[90]。此外,某些含有特性基团的席夫碱也在光致变色领域得到了独特的应用[91]。

第 2 章　几种肉桂醛基衍生物的合成、抑菌性能研究

肉桂醛，也被称为桂皮醛，系醛类化合物，无色或淡黄色液体，是中国传统中药肉桂油的主要活性成分[1,2]。肉桂醛已经被美国食品药品监督管理局(FDA)归为安全的食品添加剂，可以不经过再一步的批准而直接用作香料、食品防腐剂。同时，肉桂醛具有广谱抑菌性能，在抑菌物质开发利用方面具有很大的潜力。然而，肉桂醛存在难溶于水、易挥发、强烈的刺激性气味、易氧化等缺点，限制了其进一步应用[92]，因此针对肉桂醛缺陷的改性研究得到了广泛关注。张超等以羟基取代苯甲醛为原料，与丙二酸缩合生成一系列羟基取代肉桂醛，分为水溶性和脂溶性，并对其生物活性进行了广泛研究。Sheikh 和 Shreaz[27] 合成了 *N*,*N*- 二反式肉桂醛乙二胺($C_{20}H_{20}N_2$)及其镍的配合物[$Ni(C_{40}H_{40}N_4)Cl_2$]，研究表明，[$Ni(C_{40}H_{40}N_4)Cl_2$]比肉桂醛有更好的生物活性。

本章旨在保持肉桂醛抗菌活性的基础上，对肉桂醛进行改性研究，探索几种新型的肉桂类化合物。

2.1　几种肉桂醛基衍生物的合成方法

2.1.1　邻硝基肉桂醛的合成方法

将 18mL 浓硝酸(分析纯)和 50mL 冰乙酸(分析纯)的混合溶液，慢慢滴加到 0.42mol (58.43 g)肉桂醛(工业级，含量 95%)和 225mL 乙酸酐(分析纯)的混合液中，控制在 3 ~4h 内滴完，反应温度不超过 5℃，磁力搅拌，滴加完毕后停止并自然升温至室温，静置，得淡黄色液体，用 20% 的盐酸酸化至有淡黄色沉淀析出，冷却后有少量淡黄色晶体析出，将其放入冰箱中冷冻，析出大量淡黄晶体，经抽滤得针状淡黄固体，进而用无水乙醇重结晶[93,94]。

$$C_6H_5-CH=CH-CHO + HNO_3 \xrightarrow[5^\circ C]{(CH_3CO)_2O} o\text{-}NO_2C_6H_4-CH=CH-CHO$$

2.1.2　肉桂醛羟基磺酸钠的合成方法

室温下，将一定量的肉桂油缓慢滴加到缓慢搅拌着的过量的饱和亚硫酸氢钠(分析纯)溶液中，反应方程如下。白色的肉桂醛磺酸钠乳状物迅速生成并悬浮在溶液中，过滤、洗涤、干燥得到没有气味的白色粉末[95]。

$$C_6H_5-\underset{H}{C}=\underset{H}{C}-\overset{O}{\overset{\|}{C}}H + NaHSO_3 \longrightarrow C_6H_5-\underset{H}{C}=CH-HC(OH)(SO_3Na)$$

2.1.3　α-溴代肉桂醛的合成方法

称取一定量的肉桂醛加入装有搅拌装置、回流冷凝装置和温度计的四口烧瓶中，加入适量的冰乙酸，从恒压滴液漏斗中缓慢逐滴滴加适量的溴素，保持溶液温度低于-5℃，待溴素滴加完毕后继续搅拌30min，然后直接进行消除反应。分三次加入一定量的碳酸钾，继续搅拌直到没有气泡生成，然后将反应移至80℃的水浴中搅拌反应1.5h，静置冷却，将反应液倾倒入100mL的蒸馏水中，过滤，重结晶，真空干燥[96]。反应方程如下。

$$C_6H_5CH=CHCHO \xrightarrow{Br_2} C_6H_5CHBr-CHBr-CHO \xrightarrow{OH^-} C_6H_5CH=CBr-CHO + NaBr$$

2.2　几种肉桂醛基衍生物的化学结构表征

2.2.1　邻硝基肉桂醛的结构分析

(1)产物的FTIR分析

如图2-1所示，在~1506cm^{-1}和~1346cm^{-1}处出现了硝基的对称和反对称吸收振动，该谱图与邻硝基肉桂醛的标准谱图一致，初步证明邻硝基肉桂醛已经合成。

(2)产物的^{1}H NMR和^{13}C NMR分析

采用氘代氯仿为溶剂，对所得产物进行^{1}H NMR和^{13}C NMR分析从而确定其结构，如图2-2和2-3所示分别为产物的^{1}H NMR和^{13}C NMR分析谱图。对照邻硝基肉桂醛的化学结构，对谱峰进行归属，列于表2-1。由表中数据可知，产物的^{1}H NMR和^{13}C NMR数据均与邻硝基肉桂醛相吻合，且测得干燥后产物熔点为125.7~126℃，确认了产物为邻硝基肉桂醛。

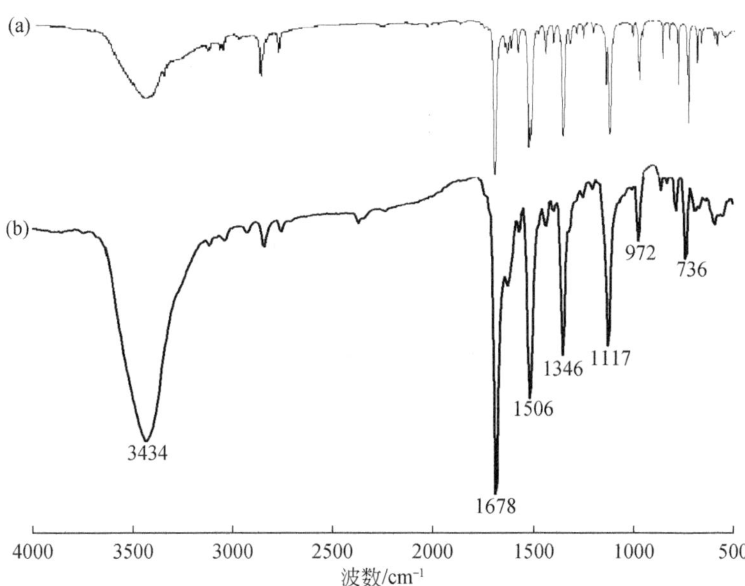

图 2-1 邻硝基肉桂醛的 FTIR 谱图
(a)标准品;(b)合成产物

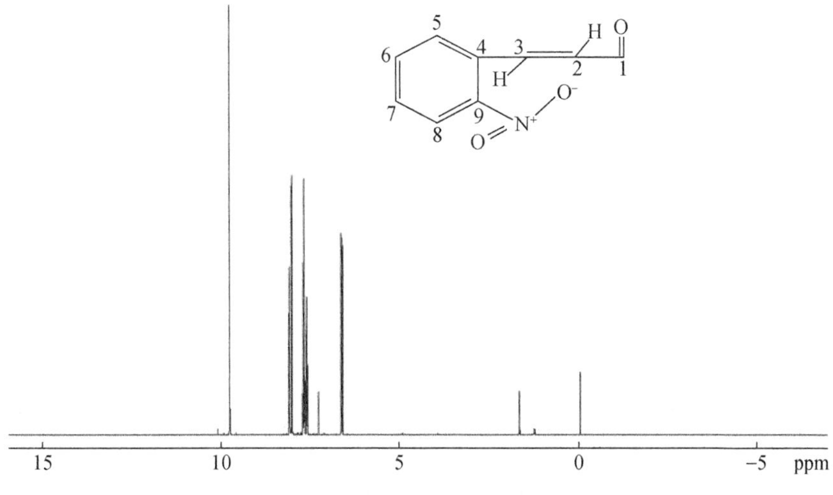

图 2-2 邻硝基肉桂醛的^{1}H NMR 谱图

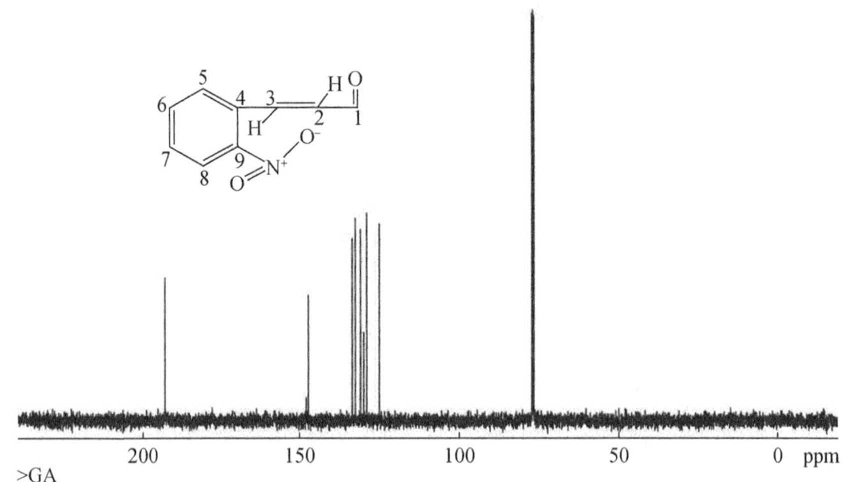

图 2-3　邻硝基肉桂醛的 ^{13}C NMR 谱图

表 2-1　产物 NMR 谱峰归属

位置	δ_C	H	
		数量	δ
1	193.07	1	9.76
2	131.14	1	6.2
3	147.23	1	8.8
4	132.67	0	
5	129.09	1	7.66
6	133.82	1	7.68
7	130.04	1	7.59
8	125.21	1	8.04
9	148.10	0	

(3)产物的纯度分析

产品纯度采用 LC-2000 型高效液相色谱仪进行分析,流动相为 1% 冰乙酸水溶液：甲醇(45：55,体积比),流速为 1.0mL/min,检测波长为 290nm。图 2-4 为产物的 HPLC 分析谱图,样品主成分邻硝基肉桂醛的保留时间为 7.27min,产物纯度达到 99.68%。

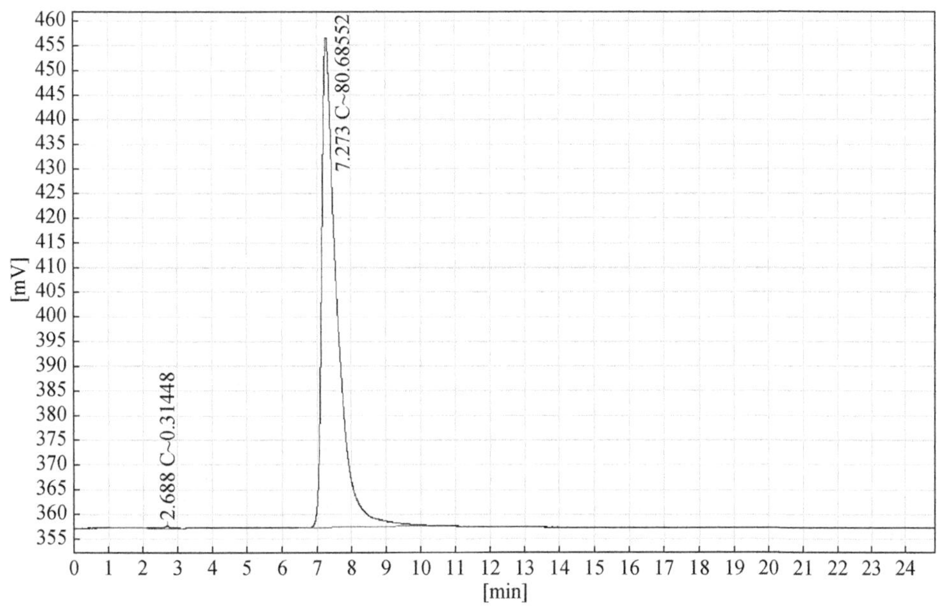

图 2-4　产物的 HPLC 谱图

2.2.2　肉桂醛羟基磺酸钠的结构分析

肉桂醛与饱和亚硫酸氢钠在室温下发生亲核反应得到含有亲水性的羟基和磺酸基官能团的肉桂醛羟基磺酸钠，通过重量法测得其产率为 74.64%。目标产物和肉桂油的 FTIR 谱图如 2-5 所示：~3274cm^{-1}左右的吸收峰是 —OH 的伸缩振动峰，

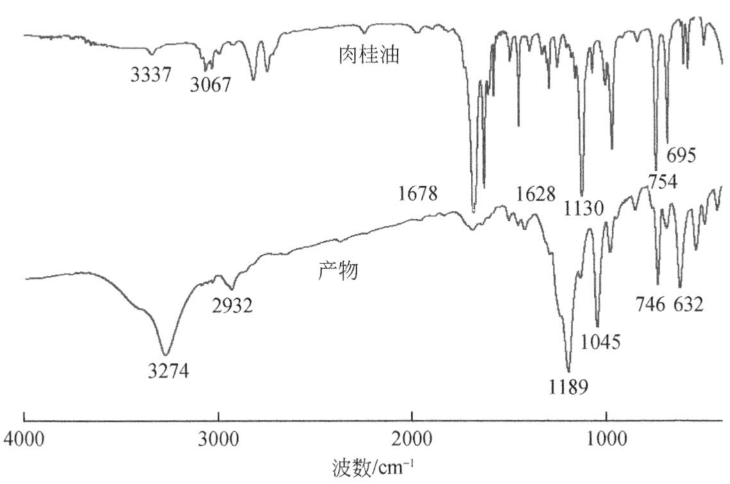

图 2-5　原料及产物的红外谱图

~2932cm^{-1}处为 C—H 振动峰，1189cm^{-1}、1045cm^{-1}和 632cm^{-1}处为磺酸基的吸收峰，对比肉桂醛的红外谱图，和双键共轭的醛基的吸收峰消失，并且产品的红外谱图显示产品结构中出现了羟基和磺酸基，说明目标产物已合成。

2.2.3　α-溴代肉桂醛的结构分析

(1)产物的 FTIR 分析

如图 2-6 所示，在 ~512cm^{-1}和 ~550cm^{-1}处出现了 C—Br 的吸收峰，说明溴素已经加成到肉桂醛上。

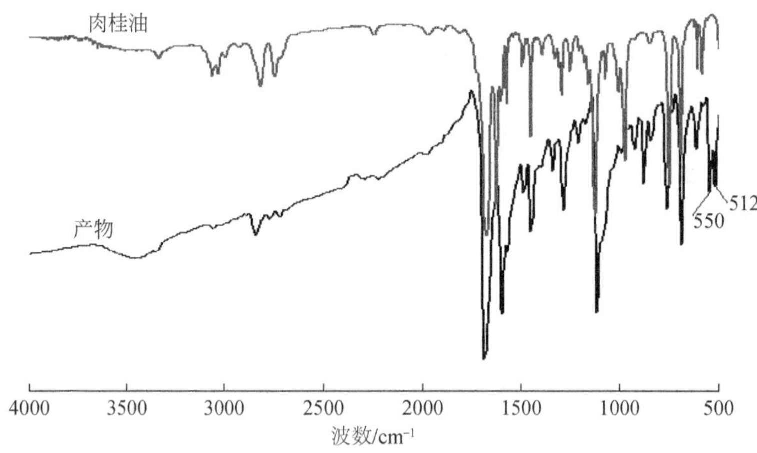

图 2-6　产物的红外谱图

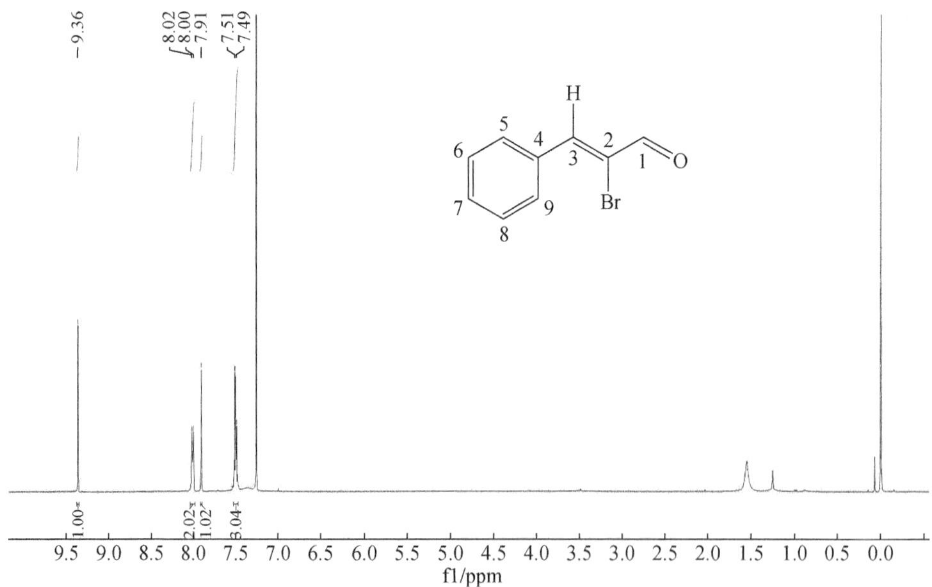

图 2-7　产物的^{1}H NMR 谱图

(2)产物的^{1}H NMR 分析

采用氘代氯仿为溶剂,对所得产品进行^{1}H NMR 分析,以确定其结构。如图 2-7所示,δ 9.36(1H,C1),δ 8.00 ~ 8.02(2H,C5),δ 7.91(1H,C3),δ 7.51(1H,C7),δ 49(2H,C6),产物的^{1}H NMR 与邻 α-溴代肉桂醛相吻合,确认产物为 α-溴代肉桂醛。

2.3　几种肉桂醛基衍生物的化学结构表征

供试菌被接种在 1% 的 PDA 培养基中备用。供试菌包括木材变色菌:黑曲霉(*Aspergillus niger*)、宛氏拟青霉(*Paecilomyces variotii*)和淡紫拟青霉(*Paecilomyces lilacinus*)。本实验采用滤纸片法测定肉桂醛及其各衍生物对所选用的三种木材霉菌的生长抑制效果。将肉桂醛及邻硝基肉桂醛和 α-溴代肉桂醛配制成 2mg/mL、4mg/mL、8mg/mL、16mg/mL、32mg/mL 的溶液;肉桂醛羟基磺酸钠配制成 10mg/mL、20mg/mL、30mg/mL、40mg/mL、50mg/mL,在灭菌的培养皿中倒入 1mL 的菌悬液和 9mL 的 PDA 培养基,冷却备用,将灭菌后直径为 8mm 的无菌滤纸片浸泡在配制好的一定浓度的溶液中,干燥备用。将实验用到的器皿及工具先进行紫外表面灭菌,事先准备好的滤纸片放于培养皿中间,每种药液制备三个平行培养皿,在 30℃ 下进行培养并定时观察。测量滤纸片周围抑菌圈直径大小,确定抑菌效果,并通过对比各抑菌圈大小来反映每种衍生物的抑菌作用的强弱[97]。

2.3.1　邻硝基肉桂醛的结构分析

图 2-8 和图 2-9 分别为肉桂醛和邻硝基肉桂醛对黑曲霉、宛氏拟青霉和淡紫拟

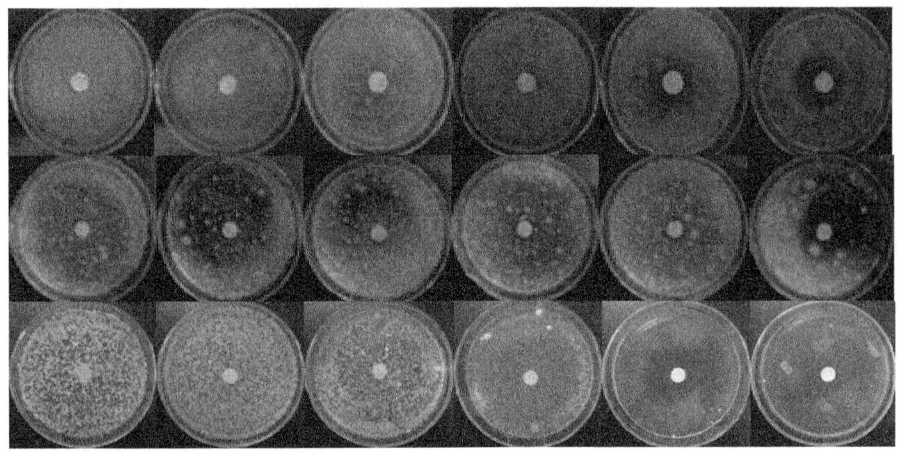

图 2-8　肉桂醛对三种木材变色菌的抑菌效果

从左到右浓度分别为 0mg/mL、2mg/mL、4mg/mL、8mg/mL、16mg/mL、32mg/mL;从上到下分别为黑曲霉、宛氏拟青霉和淡紫拟青霉

青霉的抑菌效果图,表 2-2 是肉桂醛和邻硝基肉桂醛对黑曲霉、宛氏拟青霉和淡紫拟青霉的抑菌圈直径。

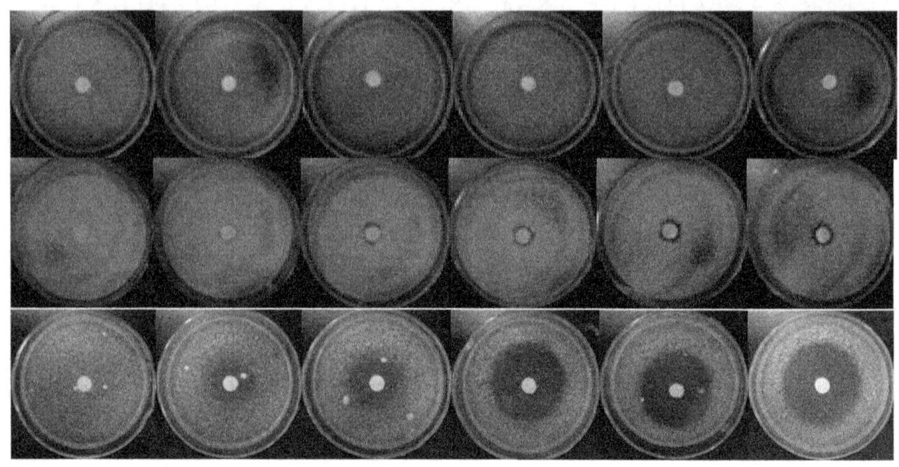

图 2-9 邻硝基肉桂醛对三种木材变色菌的抑菌效果

从左到右浓度分别为 0mg/mL、2mg/mL、4mg/mL、8mg/mL、16mg/mL、32mg/mL;从上到下分别为黑曲霉、宛氏拟青霉和淡紫拟青霉

表 2-2 肉桂醛和邻硝基肉桂醛对三种变色菌的抑菌圈直径

名称 \ 抑菌圈直径/mm		肉桂醛和邻硝基肉桂醛的浓度/(mg/mL)					
		0	2	4	8	16	32
黑曲霉	肉桂醛	0	0	11	12	20	39
	邻硝基肉桂醛	0	8	8	9	10	10
宛氏拟青霉	肉桂醛	0	0	0	9	12	24
	邻硝基肉桂醛	0	8	10	10	11	11
淡紫拟青霉	肉桂醛	0	0	0	0	70	75
	邻硝基肉桂醛	0	30	31	42	43	45

由以上数据可以看出,邻硝基肉桂醛对黑曲霉、宛氏拟青霉和淡紫拟青霉均有一定的抑菌效果,并且在较低浓度时就对三种霉菌表现出抑制作用,但是对黑曲霉和宛氏拟青霉的抑制效果与肉桂醛相比明显减弱。

2.3.2 肉桂醛羟基磺酸钠的结构分析

将肉桂醛和肉桂醛羟基磺酸钠按照重量法配制成不同浓度的溶液,分别对黑曲霉、宛氏拟青霉、淡紫拟青霉进行了抑菌实验,其抑菌效果分别如图 2-10、图 2-11、表 2-3 和表 2-4 所示。

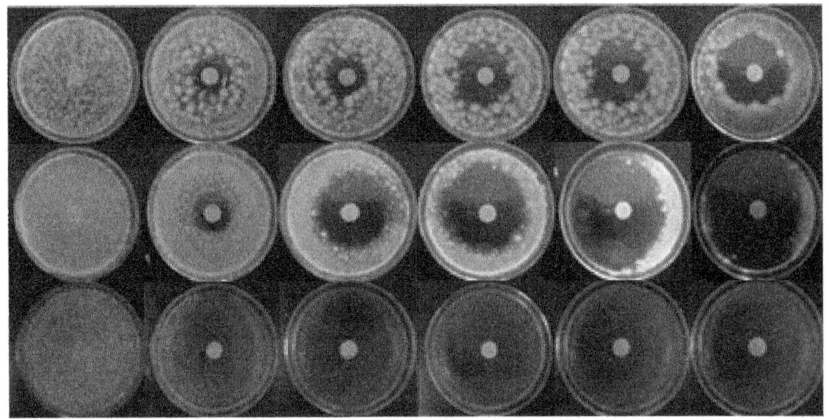

图 2-10　肉桂醛对几种霉菌的抑菌效果图

从左到右浓度依次为 0mg/mL、10mg/mL、20mg/mL、30mg/mL、40mg/mL、50mg/mL；从上到下依次为黑曲霉、宛氏拟青霉和淡紫拟青霉

表 2-3　肉桂醛对所选菌种的抑菌圈直径

菌种	肉桂醛的浓度/(mg/mL)					
	对照	10	20	30	40	50
黑曲霉	0	20	27	33	38	42
宛氏拟青霉	0	23	40	50	59	60
淡紫拟青霉	0	25	75	75	75	75

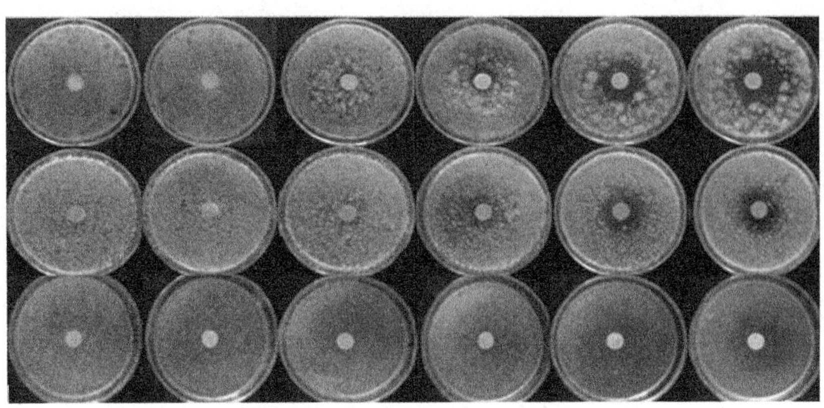

图 2-11　肉桂醛羟基磺酸钠对几种霉菌的抑菌效果图

从左到右浓度依次为 0mg/mL、10mg/mL、20mg/mL、30mg/mL、40mg/mL 和 50mg/mL；从上到下依次为黑曲霉、宛氏拟青霉和淡紫拟青霉

表 2-4　肉桂醛羟基磺酸钠对所选菌种的抑菌圈直径

菌种	产品浓度/(mg/mL)					
	0	10	20	30	40	50
黑曲霉	0	11	12	17	25	28
宛氏拟青霉	0	0	12	5	22	25
淡紫拟青霉	0	0	0	0	21	24

肉桂醛羟基磺酸钠对所选用的霉菌都有一定的抑制效果,尤其是对黑曲霉的抑制效果明显,并且随着浓度的增加其抑菌圈直径也随之增加,但是相对于肉桂醛其抑菌效果有明显减弱。所以通过变动肉桂醛中与双键共轭的醛基的改性方式,虽然产物的挥发性较肉桂醛明显下降,但是其抑菌活性也有很大程度的降低。

2.3.3　α-溴代肉桂醛的结构分析

将α-溴代肉桂醛制成不同浓度的溶液,分别测试了对黑曲霉、宛氏拟青霉、淡紫拟青霉的抑菌性能,其抑菌效果如图 2-12 和表 2-5 所示。

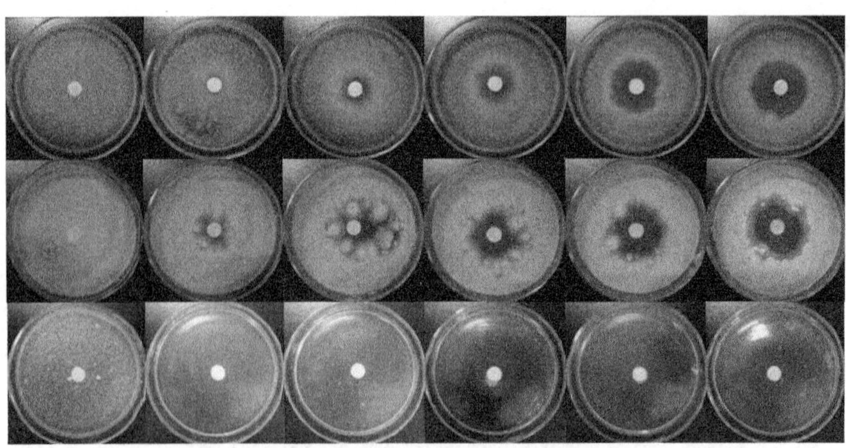

图 2-12　α-溴代肉桂醛对几种霉菌的抑菌效果图

从左到右浓度依次为 0mg/mL、2mg/mL、4mg/mL、8mg/mL、16mg/mL 和 32mg/mL;从上到下依次为黑曲霉、宛氏拟青霉和淡紫拟青霉

表 2-5　α-溴代肉桂醛对所选菌种的抑菌圈直径

菌种	产品浓度/(mg/mL)					
	对照	2	4	8	16	32
黑曲霉	0	10	15	20	23	27
宛氏拟青霉	0	11	13	20	27	29
淡紫拟青霉	0	75	75	75	75	75

不同浓度的 α-溴代肉桂醛溶液的抑菌结果如图 2-12 所示，结果表明产品对黑曲霉和宛氏拟青霉都有一定的抑菌效果，当在较低的浓度 2mg/mL 时，对淡紫拟青霉就起到完全的抑制效果。

第 3 章　肉桂醛基衍生物的定量构效关系研究及高效抑菌活性化合物设计

前面对可收集到的具有抑菌效果的肉桂醛衍生物的抑菌活性进行了分析，但是不能表达肉桂醛的衍生物化学结构与抑菌活性之间的关系，AMPAC 和 CODESSA 软件的结合可以从分子水平上分析肉桂醛衍生物的化学结构和抑菌性能之间的关系，并建立肉桂醛衍生物针对某种菌的最佳定量构效关系模型。

3.1　抑菌性能测试方法

将肉桂醛及衍生物配制成浓度为 32mg/mL 的溶液，采用滤纸片法测定其对两种木材霉菌黑曲霉(*Aspergillus niger*)和宛氏拟青霉(*Paecilomyces variotii*)的抑菌活性。供试菌为两种木材霉菌。用于肉桂醛定量构效关系计算的化合物有：肉桂醇、肉桂醛、苯乙酮、苯甲醛等，均为分析级别；肉桂酰胺、α-甲基肉桂醛、对甲氧基肉桂醛、对氯肉桂醛、对硝基肉桂醛、肉桂酸异丙酯、肉桂醛缩乙二醇、苯丙醛、间硝基苯甲醛、邻甲氧基苯甲醛，均为工业级别。

为能更好地分析肉桂醛及其衍生物对木材霉菌的抑制能力，选用 ACQ 作为对照，这是基于美国木材保护协会(AWPA，2010)指定 ACQ 处理的木材适用的锯木材产品，应用包括地上、内部建设、外部建筑和地面接触的建设。样品抑菌率(AR)由公式(3-1)计算得出：

$$AR = [d/d_0] \times 100\% \tag{3-1}$$

式中，d 为肉桂醛类似物的抑菌圈直径；d_0 为 ACQ 的抑菌圈直径。ACQ 对黑曲霉和宛氏拟青霉的抑菌圈直径分别为 16mm 和 38mm。

肉桂醛类似物对黑曲霉和宛氏拟青霉的抑菌率 AR 和 lgAR 分别列于表 3-1 和表 3-2。

3.2　定量构效关系模型计算

3.2.1　最佳定量构效关系模型的确定

为了进一步认识抑菌活性与肉桂醛类似物分子结构之间的关系，首先采用

Agui 9. 2. 1 对化合物的结构进行了优化,然后将数据导入 CODESSA 2. 7. 16 计算结构描述符,并通过最佳多元线性回归(best multi-linear regression method,BMLR)对肉桂醛衍生物的定量构效关系进行计算,得到一系列模型。通过转折点(breaking point)方法来确定描述符个数,获得最佳模型,最后通过内部检验法和留一法来检验所得到的模型。

1. 肉桂醛衍生物分子结构的几何优化及结构描述符的计算

首先利用 AMPAC 的配套作图软件 Agui 9. 2. 1 构建肉桂醛类似物的三维结构式并进行几何结构优化,得到具有最低能量和最优几何构型的分子结构。然后,将计算结果导入 CODESSA 2. 7. 16 中,计算它们的结构描述符。结构描述符根据分子特性可分为六种类型,分别是结构组成描述符、拓扑描述符、几何描述符、热力学描述符、静电描述符和量子化学描述符,但是肉桂醛及其衍生物的结构信息只涉及除热力学描述符外的物种结构描述符。这些描述符包含肉桂醛类似物的大量分子方面的结构信息,使定量构效关系计算模型的寻找具有良好的计算基础[58]。

2. 最佳定量构效关系模型的建立

用 CODESSA 2. 7. 16 软件建立最佳多元线性回归方程。在计算过程中对分子结构描述符做共线性控制,检测所有的正交描述符 i 和 j,如果它们两个结构描述符的相关系数 R_{ij}^2 大于 0. 8,则将其中的一个描述符淘汰掉,即它们不会出现在同一个模型中[52]。为确定模型中的描述符个数,先根据 CODESSA 2. 7. 16 软件计算不同描述符个数时所得模型的相关性系数 R^2,再根据计算结果作图,通过找出两条 R^2 值趋势线的转折点来确定合适的描述符个数[98]。通过转折点法获得最佳的描述符个数,然后对该描述符个数所对应的模型进行检验,常用的方法有内部检验法和留一法。

(1)内部检验法(internal validation)

把 18 个肉桂醛类似物分为 A、B、C 三组,并进行两两相互组合,具体操作方法是按照 18 个化合物的编号顺序,将第 1、4、7……等分为 A 组,2、5、8……等分为 B 组,剩余的为 C 组。将它们相互组合得到的 A+B、A+C、B+C 三组分别导入 CODESSA 2. 7. 16,对它们分别进行结构描述符的计算和对应模型(和上述得到的最佳构效模型具有相同的描述符)的建立,得到相应的 R^2、F、s^2 值。根据所得模型计算相对应的剩余化合物的抑菌活性值 lgAR,将这个预测值导入 CODESSA 2. 7. 16 中进行验证,得到相应的 R^2、F、s^2 值,然后进行对比评价和判断[58]。

(2)留一法(leave one out)

留一法的操作方法与内部检验法相似,不同之处就是每四个分为一组,将 18

个肉桂醛类似物进行编号，按照 4、8、12……挑选出了 4 个化合物作为外部检验，对剩余的 14 个进行计算，再用外部的 4 个进行检验[58]。

3. 最佳定量构效关系模型

由 CODESSA 2.7.16 软件可得到不同结构描述符的个数与其对应的 R^2 值的关系，如图 3-1 所示。

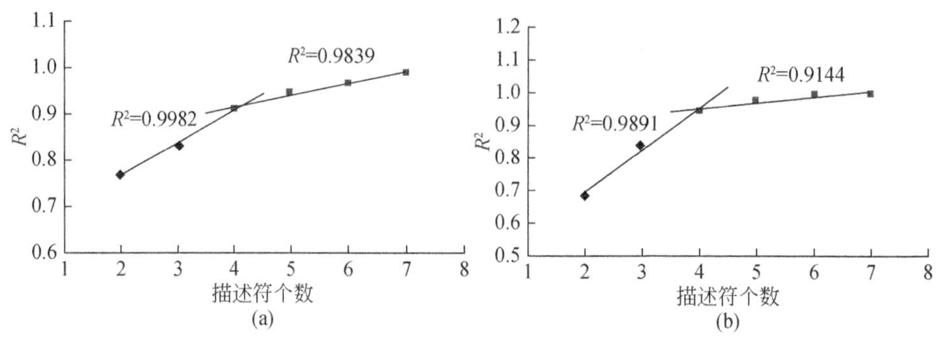

图 3-1　转折点法确定模型中结构描述符的个数

(a) 黑曲霉；(b) 宛氏拟青霉

由图 3-1 可知，黑曲霉和宛氏拟青霉的 R^2 值的转折点均处在描述符个数为 4 的位置，在 4 个描述符之前的位置，R^2 值增长迅速，而 4 个描述符之后的 R^2 值增加缓慢。根据多元线性回归的要求 $n \geqslant 3(k+1)$（n 为样本数，k 为最终模型中的因素个数）[55]，确定了黑曲霉和宛氏拟青霉都是含有 4 个结构描述符的最佳模型，而其对应的最佳模型分别见表 3-3 和表 3-4，它们对应的描述符情况见表 3-1 和表 3-2。

表 3-1　肉桂醛类似物对黑曲霉的抑菌率和化合物结构描述符

序号	结构	AR	lgAR	碳原子的最大亲和反应指数	最低原子静电荷	局部负电荷面积	碳原子最低的局部电荷
1		243.75	2.3869	0.0213	−0.3796	170.5376	−0.0187
2		93.75	1.9720	0.0241	−0.4202	138.8976	−0.0188
3		87.5	1.9420	0.0214	−0.3617	197.6454	−0.0187
4		6.25	0.7959	0.0224	−0.7037	180.0509	−0.0187

续表

序号	结构	AR	lgAR	碳原子的最大亲和反应指数	最低原子静电荷	局部负电荷面积	碳原子最低的局部电荷
5	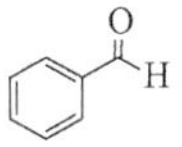	6. 25	0. 7959	0. 0301	−0. 3113	145. 1027	−0. 0178
6	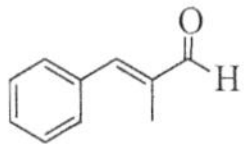	6. 25	0. 7959	0. 0226	−0. 5969	156. 9730	−0. 0245
7	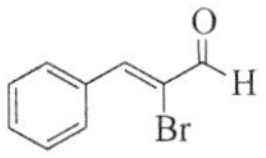	168. 75	2. 2272	0. 0203	−0. 4331	149. 2668	−0. 0185
8	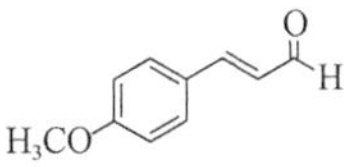	112. 5	2. 0512	0. 0226	−0. 3905	171. 6833	−0. 0122
9	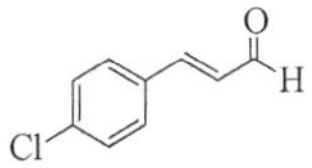	125	2. 0969	0. 0196	−0. 5251	231. 4161	−0. 0113
10	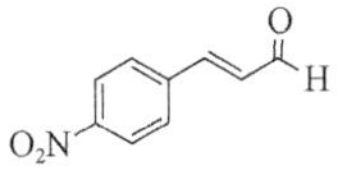	131. 25	2. 1181	0. 0212	−0. 3415	221. 2174	−0. 0106
11	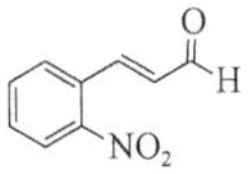	62. 5	1. 7959	0. 0220	−0. 4134	204. 0856	−0. 0149
12	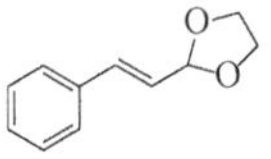	106. 25	2. 0264	0. 0226	−0. 4556	135. 6141	−0. 0187
13	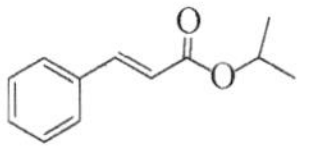	50	1. 6990	0. 0219	−0. 6336	161. 4157	−0. 0212
14	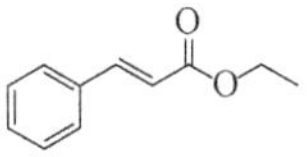	50	1. 6990	0. 0218	−0. 4135	173. 8754	−0. 0213
15	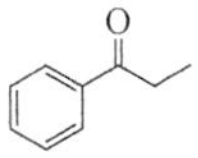	6. 25	0. 7959	0. 0271	−0. 6395	117. 0591	−0. 0187
16	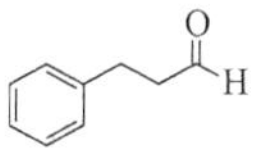	6. 25	0. 7959	0. 0290	−0. 3646	135. 2860	−0. 0207
17	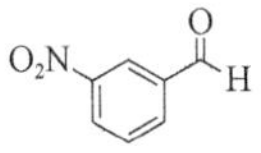	181. 25	2. 2583	0. 0212	−0. 3591	199. 5756	−0. 0104
18	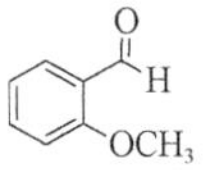	62. 5	1. 7959	0. 0258	−0. 4189	129. 1920	−0. 0142

表 3-2 肉桂醛类似物对宛氏拟青霉的抑菌率和化合物结构描述符

序号	结构	AR	lgAR	最低原子静电荷	最大 π-π 键级	部分原子电荷加权部分正表面积	局部负电荷面积
1	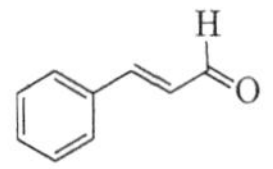 H, O	63. 2	1. 8007	−0. 3796	0. 8767	0. 9685	189. 7601
2	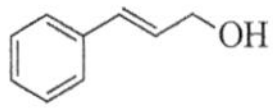 OH	36. 8	1. 5658	−0. 4202	0. 9163	1. 2135	227. 9880
3	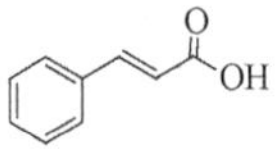 O, OH	52. 6	1. 7210	−0. 3617	0. 8732	1. 0148	197. 8025
4	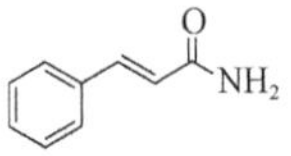 O, NH_2	2. 63	0. 42	−0. 7037	0. 8932	1. 3916	226. 6122
5	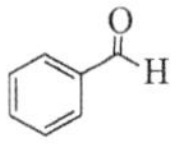 O, H	2. 63	0. 42	−0. 3113	0. 4727	0. 6219	177. 1053
6	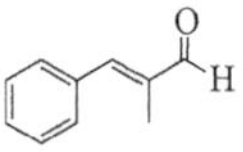 O, H	21. 1	1. 3243	−0. 5969	0. 9445	1. 5053	218. 0239
7	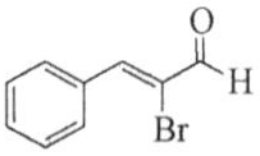 O, H, Br	76. 3	1. 8825	−0. 4331	0. 9663	1. 1357	175. 3087
8	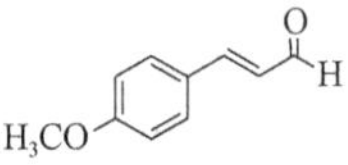 O, H, H_3CO	68. 4	1. 8351	−0. 3905	0. 9370	1. 3323	236. 0207
9	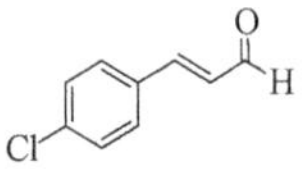 O, H, Cl	86. 8	1. 9385	−0. 5251	0. 9427	1. 4425	164. 6999
10	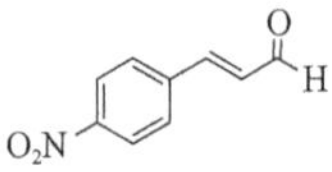 O, H, O_2N	68. 4	1. 8351	−0. 3415	0. 9528	1. 0456	216. 1759
11	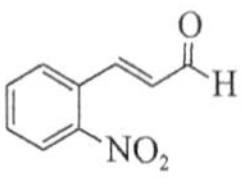 O, H, NO_2	28. 9	1. 4609	−0. 4134	0. 9491	1. 0326	211. 0708
12	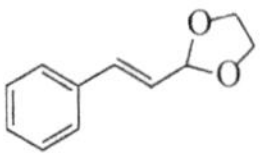 O, O	39. 5	1. 5966	−0. 4556	0. 9400	1. 7022	290. 5365
13	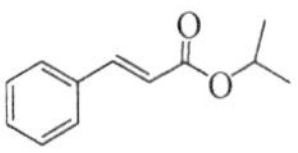 O, O	21. 1	1. 3243	−0. 6336	0. 8801	2. 3249	321. 6409

续表

序号	结构	AR	lgAR	最低原子静电荷	最大 π-π 键级	部分原子电荷加权部分正表面积	局部负电荷面积
14	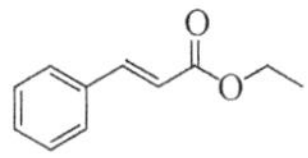	21. 1	1. 3243	−0. 4135	0. 8778	1. 5530	286. 7306
15	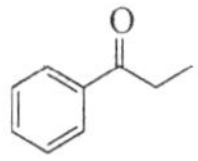	21. 1	1. 3243	−0. 6395	0. 9401	1. 7553	234. 2817
16	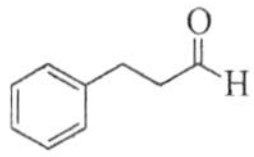	21. 1	1. 3243	−0. 3646	0. 9668	1. 0039	228. 7826
17	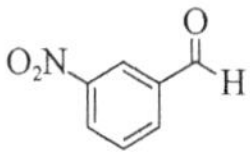	78. 9	1. 8971	−0. 3591	0. 9587	0. 7799	147. 3430
18	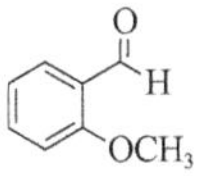	26. 3	1. 42	−0. 4189	0. 9524	0. 9438	224. 2547

表 3-3　黑曲霉对应的有 4 个结构描述符的最佳 QSAR 模型

(R^2 = 0. 9099, F = 32. 82, s^2 = 0. 0405)

描述符编号	回归系数 X	回归系数的标准偏差 ΔX	t 检验值	描述符的名称
0	1. 0323e+01	1. 0365e+00	9. 9597	intercept
1	−2. 0892e+02	2. 3859e+01	−8. 7562	max nucleoph react index for a C atom, d1
2	2. 5956e+00	4. 7236e−01	5. 4949	ESP-min net atomic charge, d2
3	−1. 0067e−02	2. 4229e−03	−4. 1547	PNSA-1 partial negative surface area [Quantum-Chemical PC], d3
4	5. 5142e+01	1. 5648e+01	3. 5239	min partial charge for a C atom [Zefirov's PC], d4

表 3-4　宛氏拟青霉对应的有 4 个结构描述符的最佳 QSAR 模型

(R^2 = 0. 9444, F = 55. 22, s^2 = 0. 0143)

描述符编号	回归系数 X	回归系数的标准偏差 ΔX	t 检验值	描述符的名称
0	1. 3009e+00	3. 1856e−01	4. 0838	intercept
1	4. 4596e+00	4. 2620e−01	10. 4636	ESP-min net atomic charge, d2

续表

描述符编号	回归系数 X	回归系数的标准偏差 ΔX	t 检验值	描述符的名称
2	2. 5016e+00	2. 7369e−01	9. 1401	max PI-PI bond order, d5
3	1. 4567e+00	1. 7935e−01	8. 1221	ESP-FPSA-2 fractional PPSA (PPSA-2/TMSA) [Quantum-Chemical PC], d6
4	−8. 6550e−03	1. 1578e−03	−7. 4754	PPSA-1 partial positive surface area [Zefirov's PC], d7

对应于黑曲霉和宛氏拟青霉的活性 lgAR 的最佳模型分别见表 3-3 和表 3-4，它们分别具有以下特点：$R^2=0.9099$，$F=32.82$，$s^2=0.0405$ 和 $R^2=0.9444$，$F=55.22$，$s^2=0.0143$。同时根据显著性检验，18 个样本，显著性水平 $\alpha=0.01$ 时，四个因素的 F 值为 4. 58，表 3-3 和表 3-4 模型中的 F 值远远大于这个检验值，说明它们之间有显著影响。

表 3-5 和表 3-6 分别列出肉桂醛类似物对黑曲霉和宛氏拟青霉的活性实验值、利用最优计算模型计算出来的驱避活性值，以及两者的差值。计算值和实验值的关系如图 3-2 所示。

表 3-5　黑曲霉的实验值 lgAR 和通过最佳模型计算出来的活性值 lgAR

序号	lgAR 实验值	lgAR 计算值	差值	序号	lgAR 实验值	lgAR 计算值	差值
1	2. 3869	2. 1386	−0. 2483	10	2. 1181	2. 1871	0. 0690
2	1. 9720	1. 7570	−0. 2150	11	1. 7959	1. 7815	−0. 0144
3	1. 9420	1. 8970	−0. 0450	12	2. 0264	2. 0103	−0. 0161
4	0. 7959	0. 9758	0. 1799	13	1. 6990	1. 3037	−0. 3953
5	0. 7959	0. 7902	−0. 0057	14	1. 6990	1. 7717	0. 0727
6	0. 7959	1. 1231	0. 3272	15	0. 7959	0. 7860	−0. 0099
7	2. 2272	2. 4294	0. 2022	16	0. 7959	0. 8204	0. 0245
8	2. 0512	2. 1977	0. 1465	17	2. 2583	2. 3855	0. 1272
9	2. 0969	1. 9218	−0. 1751	18	1. 7959	1. 7716	−0. 0243

表 3-6　宛氏拟青霉的实验值 lgAR 和通过最佳模型计算出来的活性值 lgAR

序号	lgAR 实验值	lgAR 计算值	差值	序号	lgAR 实验值	lgAR 计算值	差值
1	1.8007	1.5696	−0.2311	10	1.8351	1.8137	−0.0214
2	1.5658	1.5138	−0.0520	11	1.4609	1.5091	0.0482
3	1.7210	1.6386	−0.0824	12	1.5966	1.5857	−0.0109
4	0.4202	0.4630	0.0428	13	1.3243	1.2801	−0.0442
5	0.4202	0.4682	0.0480	14	1.3243	1.4335	0.1092
6	1.3243	1.3076	−0.0167	15	1.3243	1.3300	0.0057
7	1.8825	1.9239	0.0414	16	1.3243	1.5757	0.2514
8	1.8351	1.8015	−0.0336	17	1.8971	1.9586	0.0615
9	1.9385	1.9935	0.0550	18	1.4200	1.2492	−0.1708

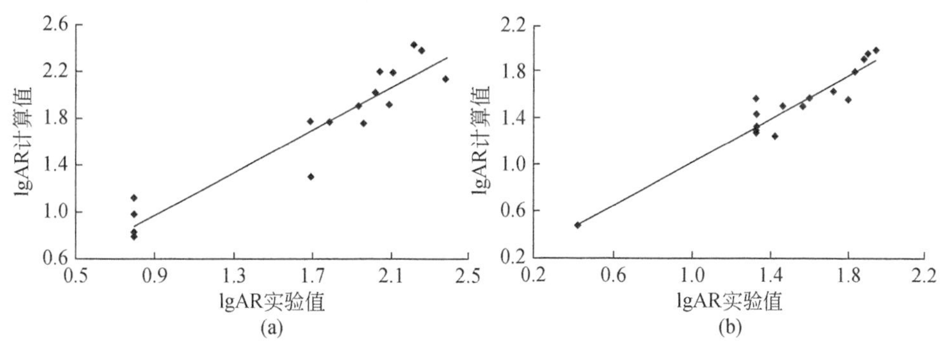

图 3-2　实验值和通过表 3-5、表 3-6 最佳模型计算出来的活性值的关系

(a)黑曲霉;(b) 宛氏拟青霉

4. 最佳定量构效关系模型的检验

(1)内部检验法

内部检验的结果列于表 3-7 中,结果显示把 18 个肉桂醛类似物分为 A,B,C 三组后,A+B、A+C、B+C 这三组的 R^2、F、s^2 值都比较理想,与之对应的测试集 C、B、A 的 R^2、F、s^2 值及其平均值也比较理想。因此,内部检验法对于最佳定量构效关系计算模型也是支持的。

表 3-7　QSAR 模型的内部检验

训练集	N	R^2(fit)	F(fit)	s^2(fit)	测试集	N	R^2(pred)	F(pred)	s^2(pred)
验证表 3-3 中的模型									
A+B	12	0.9188	19.81	0.0451	C	6	0.9383	49.39	0.0243
A+C	12	0.9060	16.86	0.0598	B	6	0.9335	45.63	0.0322
B+C	12	0.9374	26.22	0.0294	A	6	0.9644	88.00	0.0158
平均		0.9207	20.96	0.0448			0.9454	61.01	0.0241
验证表 3-4 中的模型									
A+B	12	0.9614	43.57	0.0164	C	6	0.9686	100.18	0.0089
A+C	12	0.9426	28.75	0.0155	B	6	0.9504	62.24	0.0084
B+C	12	0.9764	72.41	0.0060	A	6	0.9860	228.68	0.0032
平均		0.9601	48.2433	0.0126			0.9683	130.37	0.0068

fit：拟合；pred：预测。

(2)留一法

与内部检验法的操作方法一样，留一法检验的计算结果是，黑曲霉和宛氏拟青霉的外部检验分别为 $R^2=0.8869$ 和 $R^2=0.9525$，剩余部分的 R^2 值分别为 0.8561 和 0.9675。由此可以看出，留一法的检验结果也是比较理想的。

通过内部检验法和留一法的检测，可知所得模型都是比较理想的。肉桂醛类似物对黑曲霉和宛氏拟青霉活性的最佳线性回归方程分别为公式(3-2)和公式(3-3)：

$$\lg AR=(10.323\pm1.0365)-(208.92\pm23.859)\times d1+(2.5956\pm0.47236)\times d2-(1.0067\times10^{-2}\pm2.4229\times10^{-3})\times d3+(55.142\pm15.648)\times d4 \quad (3\text{-}2)$$

$$\lg AR=(1.3009\pm0.31856)+(4.4596\pm0.4262)\times d2+(2.5016\pm0.27369)\times d5+(1.4567\pm0.17935)\times d6-(8.6550\times10^{-3}\pm1.1578\times10^{-3})\times d7 \quad (3\text{-}3)$$

式中，d1，d2，d3，d4，d5，d6，d7 含义见 3.2.2 小节。

3.2.2　影响活性的结构描述符

表 3-3 中的最佳定量构效关系模型显示，影响肉桂醛类似物对黑曲霉的抑制活性的描述符主要有 4 个。根据 t 检验值的大小对该模型影响最大的第一个描述符是碳原子的最大亲和反应指数(max nucleoph react index for a C atom，d1)，属于量子化学结构描述符且与静电学相关[99]，d1 是与计算电荷分布相关的反应指数，碳原子的电负性越小，化合物的抑菌活性就越大[100]。

第二个描述符是最低原子静电荷(ESP-min net atomic charge,d2),也是属于量子化学结构描述符,它反映了分子中原子的电荷分布和分子间的静电相互作用特征[101],与分子中的氢键(HB)能力有关,因为氢原子具有一个高正值则意味着好的 HB 供给倾向,而一个杂原子(N 和 O) 具有较高的负值意味着具有良好的接受这些原子的能力[102]。在这个模型中,d2 具有正系数,表明化合物的 d2 值越大,它的抑菌活性也越大。

第三个描述符是局部负电荷面积(PNSA-1 partial negative surface area [Quantum-Chemical PC],d3),也是量子化学结构描述符,是分子中负数部分面积的总和,可以用公式(3-4)[101]来计算:

$$\text{PNSA-1} = \sum_{A} S_A \qquad A \in \{\delta_A < 0\} \tag{3-4}$$

式中,S_A 是带负电荷的溶剂可接触到的原子的表面积。

第四个描述符是表 3-3 中最低的有效结构描述符,即碳原子最低的局部电荷(min partial charge for a C atom [Zefirov's PC],d4),这是在该模型中仅有的一个静电结构描述符,反映了分子中碳原子的最低局部电荷,可由公式(3-5) [103]计算得出:

$$Q_i = f(x_i) \qquad x_i = \left(x_i^0 \prod_{k=1}^{n} x_k\right)^{1/(n+1)} \tag{3-5}$$

式中, x_i 是原子的电负性, x_i^0 是单独原子的电负性,n 是与给定的原子具有第一配位层的原子的个数。

在该线性回归方程中,d4 的正系数表明,随着描述符 d4 数值的增加,与其所对应的化合物对黑曲霉的抑制效果也越好。

表 3-4 中的最佳定量构效关系模型显示,影响活性肉桂醛类似物对宛氏拟青霉的抑制活性的描述符主要有 4 个。其中前三个描述符都是量子化学结构描述符,由公式(3-3)可知,它们都具有一个正符号。根据 t 检验值的大小可知,对该模型影响最大的第一个描述符是最低原子静电荷(ESP-min net atomic charge,d2),在前面已经介绍。

第五个描述符是最大 π-π 键级(max PI-PI bond order,d5),它和分子内键相互作用的强度有关,表征了分子的稳定性、构象易变性和化合价相关属性[104]。

第六个描述符是部分原子电荷加权部分正表面积{ESP-FPSA-2 fractional PPSA (PPSA-2/TMSA) [Quantum-Chemical PC],d6},其中,PPSA-2 是总原子电荷加权部分正表面积,TMSA 是总分子表面积,其计算为公式(3-6)和公式(3-7)[103]:

$$\text{FPSA-2} = \text{PPSA-2}/\text{TMSA} \tag{3-6}$$

$$\text{PPSA-2} = \sum_{A} q_A \cdot \sum_{A} S_A \qquad A \in \{\delta_A < 0\} \tag{3-7}$$

式中,S_A是带正电的溶剂可接触到的原子表面积, q_A 是原子的部分电荷。

第七个描述符是部分正表面积(PPSA-1 partial positive surface area [Zefirov's PC]d7),是分子中正表面积的总和,这是一个静电描述符,并且对该模型起到一个消极的影响。

3.3 高效抑菌活性化合物设计

定量构效关系模型不仅可以在分子水平上解析一类化合物的活性和结构间的关系,还可以用于设计、筛选具有高活性的新化合物。前面建立的肉桂醛类似物对木材霉变菌的最佳定量构效关系模型,对开发新型高效的木材防霉剂具有重大的指导作用。因此,以上述两种模型为基础,设计了多种肉桂醛类化合物,并且对所设计的肉桂醛衍生物的抑菌性能进行了计算预测。

通过大量的设计和筛选发现,肉桂醛席夫碱化合物普遍具有优异的抑菌活性,这一观点与许多席夫碱化合物的生物活性研究一致。模型进一步设计预测了三种新型的肉桂醛-乙二胺席夫碱化合物,它们对黑曲霉和宛氏拟青霉都具有优异的抑菌性能,并且优于肉桂醛,如表3-8所示。从化学结构和现有的肉桂醛席夫碱化合物的性能推测,设计的三种肉桂醛-乙二胺席夫碱不易氧化,不易挥发,可以避免肉桂醛在使用过程中的诸多缺陷,所以肉桂醛席夫碱化合物将成为肉桂醛衍生物中非常重要的一类,对其抑菌性能的研究具有重要意义。

表3-8 根据肉桂醛衍生物模型设计筛选出的几种肉桂醛-乙二胺席夫碱化合物的模型预测值

化合物名称	lgAR 计算值(据黑曲霉模型)	lgAR 计算值(据宛氏拟青霉模型)
N,*N*-二苄基-1,2-乙二胺	3.7737	0.6902
N,*N*-二对甲氧基肉桂醛-1,2-乙二胺	3.5868	2.1881
N,*N*-二对氯肉桂醛-1,2-乙二胺	2.2018	3.3110

第 4 章　肉桂醛席夫碱化合物的合成及抑菌活性

席夫碱(Schiff base)类化合物是具有亚氨基($\rangle C=N-$)的一类化合物,是由含活泼羰基的化合物和胺、醇胺等发生缩合反应所形成的一类化合物[14]。席夫碱化合物自 1864 年第一次合成以来就备受关注[15],主要是由于席夫碱化合物中的亚氨基赋予席夫碱类物质一些特殊的性质[16],例如席夫碱的抗菌性、抗肿瘤性等。目前席夫碱及其配合物主要应用于医药方面[17],作为抗菌剂、抑制剂、抗肿瘤药剂等[18]。席夫碱及其配合物除了广泛应用于医药、功能材料、催化等领域外,在分析、防腐、冶金等众多领域也有广阔的应用前景[19]。

肉桂醛席夫碱属于芳香类席夫碱,在肉桂醛的醛基和氨基发生亲核加成反应后生成亚胺结构,亚氨基上氮原子与肉桂醛紧连的双键和苯环形成了共轭体系,使得肉桂醛类席夫碱更加稳定[24]。近年来肉桂醛席夫碱的研究也是科研工作者关注的热点[25]。

对现有肉桂醛衍生物的定量构效关系研究及肉桂醛衍生物的设计和筛选发现,肉桂醛席夫碱化合物普遍具有优异的抑菌活性,这一观点与许多席夫碱化合物的生物活性研究一致。模型进一步设计预测了三种新型的肉桂醛-乙二胺席夫碱化合物,它们对黑曲霉和桔青霉都具有优异的抑菌性能,且优于肉桂醛,因此肉桂醛席夫碱化合物将成为肉桂醛衍生物中非常重要的一类,其抑菌性能的研究具有重要意义。在实际应用过程中,更加安全、绿色、水溶性的肉桂醛席夫碱能够得到更广泛的应用,如以肉桂醛和氨基酸为原料合成的席夫碱化合物。氨基酸是构成生物体内蛋白质、酶等的基本结构单元[105]。氨基酸分子同时含有一个或多个氨基和羧基,这样为氨基酸的反应提供了很多的反应活性位点,很容易参与各种化学反应。氨基酸的氨基和含有羰基的化合物进行缩合反应生成席夫碱是氨基酸化学反应中最典型的一种反应。

根据肉桂醛衍生物定量构效关系模型的理论指导,本章对肉桂醛席夫碱化合物及其抑菌性能展开研究和探索。这些席夫碱化合物主要为肉桂醛-乙二胺席夫碱和肉桂醛-氨基酸席夫碱两大类。

4.1　肉桂醛席夫碱类化合物的合成方法

N,*N*-二反式肉桂醛-1,2-乙二胺的合成方法:将肉桂油 6.608g(50mmol)溶解

在40mL甲醇中，加入装有冷凝设备的100mL的三口瓶中，磁力搅拌，在冰水浴条件下，逐滴滴加1.68mL(25mmol，溶解在10mL甲醇中)乙二胺，滴加完毕后继续搅拌反应45min，然后将混合液倾倒入盛有200mL蒸馏水的大烧杯中，搅拌30min，过滤，用水洗涤，室温下干燥48h，得到淡黄色粗产品。粗产品用丙酮重结晶得到浅黄色晶体，并用冷的丙酮洗涤两次[106]。合成肉桂醛–乙二胺席夫碱化合物所用到的溶剂如甲醇和无水乙醇，原料如氢氧化钠、乙二胺、肉桂油、苯甲醛、肉桂醛、对甲氧基肉桂醛和对氯肉桂醛均为分析纯级别物质。*N*,*N*-二反式肉桂醛-1,2-乙二胺的合成路线如图4-1所示。

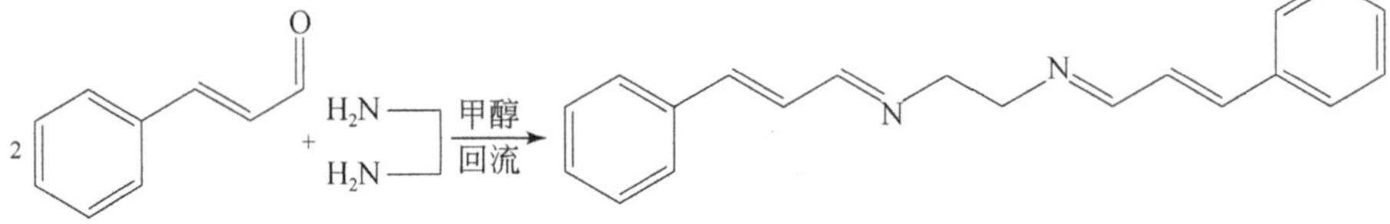

图4-1　*N*,*N*-二反式肉桂醛-1,2-乙二胺的合成路线

N,*N*-二苄基-1,2-乙二胺的合成方法如下：

将2.24mL(33.6mmol)乙二胺溶解在20mL乙醇中，逐滴加到含有7.1248g(67.1mmol)苯甲醛的乙醇溶液中，搅拌，回流，反应20h，旋转蒸发出去溶剂，直到只有黄色油状物存在，取出将环己烷倾倒入盛有油状物的烧杯中连续搅拌，有淡黄色结晶析出，过滤，室温干燥48h[106]，合成路线见图4-2。

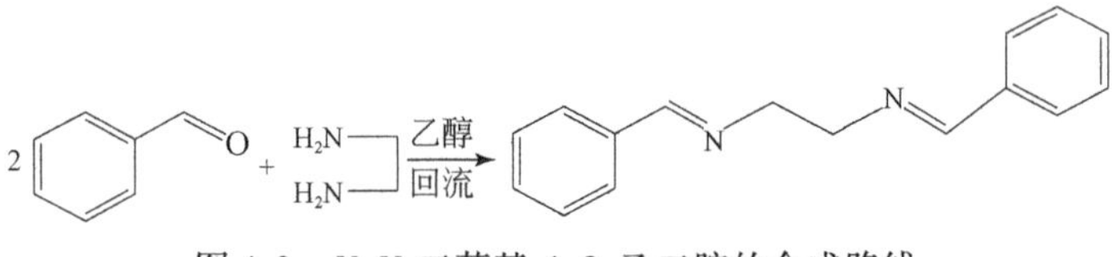

图4-2　*N*,*N*-二苄基-1,2-乙二胺的合成路线

N,*N*-二对甲氧基肉桂醛-1,2-乙二胺的合成方法如下：

将盛有8.697g(53.6mmol)对甲氧基肉桂醛的乙醇溶液置于装有冷凝设备的100mL的三口烧瓶中，逐滴滴加1.8mL乙二胺(26.8mmol，溶解在20mL乙醇中)，磁力搅拌，回流，反应2h，冷却至室温有深黄色沉淀析出，过滤，用甲醇洗涤三次，室温干燥48h，热乙醇重结晶得到黄色产品，合成路线如图4-3所示。

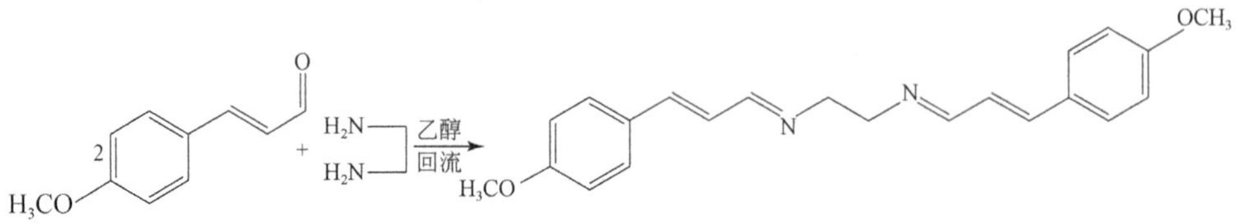

图4-3　*N*,*N*-二对甲氧基肉桂醛-1,2-乙二胺的合成路线

N,*N*-二对氯肉桂醛-1,2-乙二胺的合成方法如下：

将对氯肉桂醛溶于乙醇中（乙醇用量能使对甲氧基肉桂醛溶解即可），加入带有回流冷凝设施三口烧瓶中，常温下磁力搅拌，回流冷凝，逐滴加入乙二胺的乙醇溶液，控制对氯肉桂醛与乙二胺反应摩尔比为 2∶1，反应 2h。过滤，得到深黄色固体物质，用甲醇洗涤三次，在室温条件下干燥 48h，热乙醇重结晶得黄色固体产物，计算产品产率为 78.72%，合成路径如图 4-4 所示。

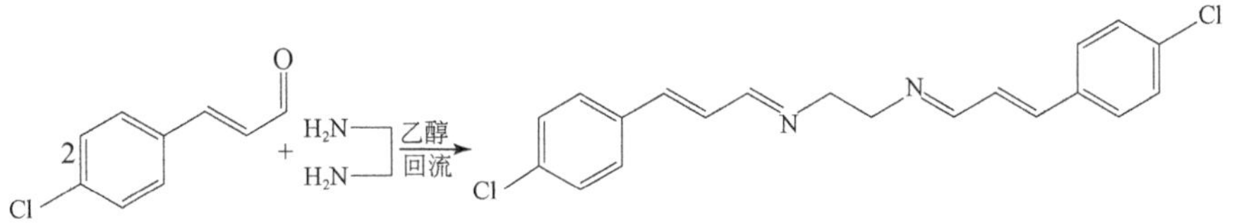

图 4-4　*N*,*N*-二对氯肉桂醛-1,2-乙二胺的合成路线

肉桂醛–氨基酸席夫碱化合物的合成方法如下：

准确称取 0.0134mol 的氨基酸，加入到 30mL 的甲醇/乙醇溶液中。再称取与氨基酸中羧基等摩尔的氢氧化钾加入上述混合溶液中。混合溶液在 50℃ 水浴条件下搅拌反应 2h。反应完成后，过滤除去反应剩余的不溶物。然后，称取 0.0147mol 的肉桂油加入到 20mL 的甲醇/乙醇溶液中，配制成肉桂醛的醇溶液。将此肉桂醛的醇溶液缓慢滴加到氨基酸钾醇溶液中，控制在 0.5h 滴加完成。滴加完成后，混合物在室温条件下继续反应 4h。利用氮气排除反应装置中的空气，反应过程中通氮气保护 15min。

反应结束后采用旋转蒸发器，35～50℃ 除去多余的溶剂。即可得到大量的目标化合物粗产品。将所得目标化合物用乙醚洗涤 3 次，除去未参与反应的肉桂油。然后，将反应所得产品装于样品瓶中，封口膜包裹，插多个针状小孔，在 35℃ 条件下持续真空干燥 24h，干燥后的产品密封保存于冰箱中[107]。本章共合成了 21 种肉桂醛–氨基酸席夫碱化合物，所用到的氨基酸原料如甘氨酸、缬氨酸、苯丙氨酸、酪氨酸、谷氨酸、丙氨酸和亮氨酸（>98%）均为生物级别物质。肉桂醛–氨基酸席夫碱化合物的合成路线如图 4-5 所示，对所有合成的肉桂醛–氨基酸席夫碱化合物结构进行编号命名，如图 4-6 所示。

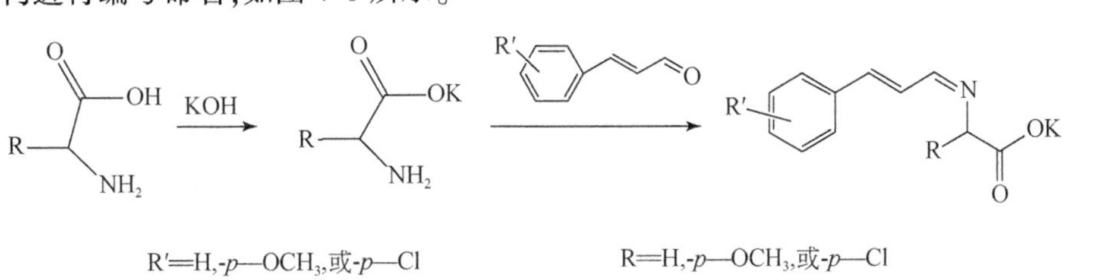

R′═H,-*p*—OCH$_3$,或-*p*—Cl　　R═H,-*p*—OCH$_3$,或-*p*—Cl

图 4-5　肉桂醛–氨基酸类席夫碱的合成路线

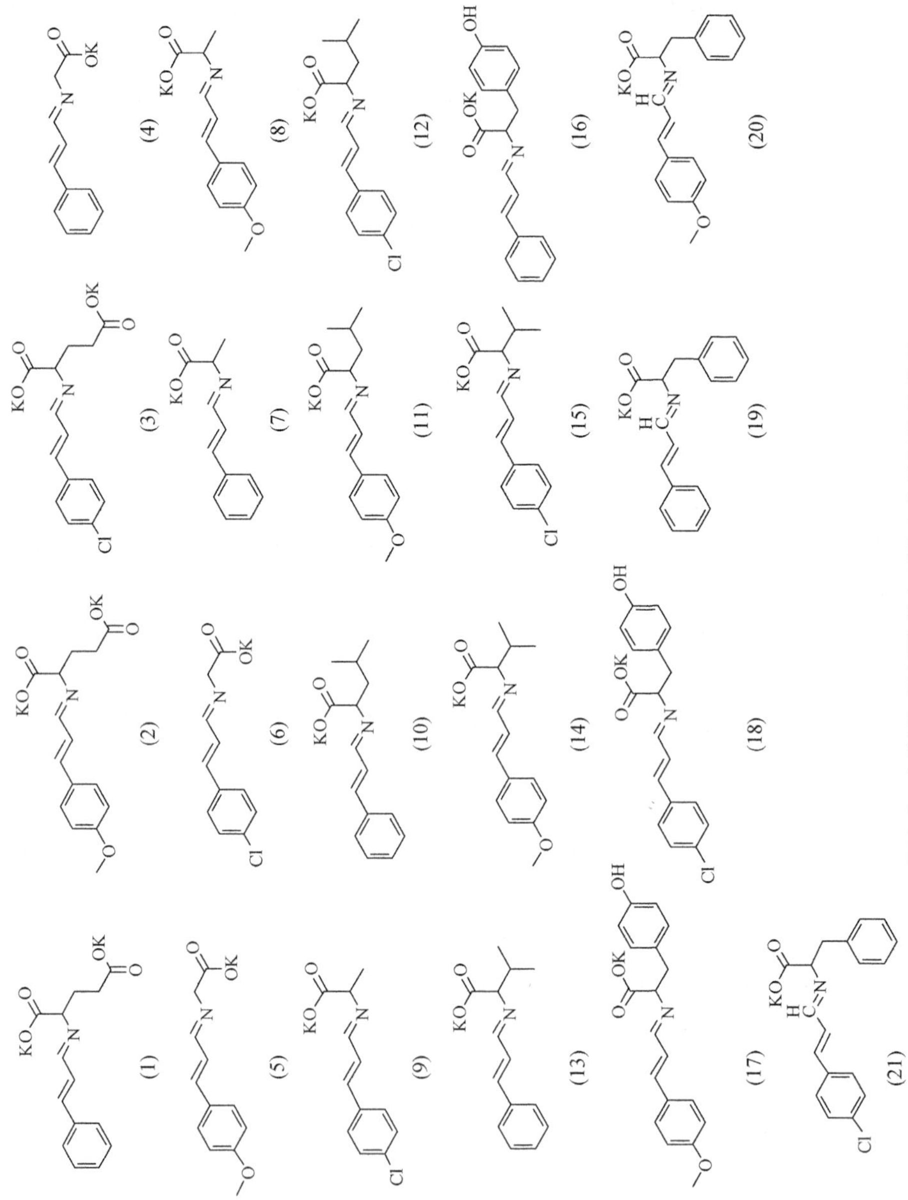

图4-6　肉桂醛-氨基酸席夫碱化合物的结构及编号

4.2　肉桂醛席夫碱类化合物的结构分析表征

合成的目标化合物采用傅里叶红外光谱(FTIR)、核磁氢谱(^{1}H NMR)、质谱(MS)、高效液相色谱(HPLC)、熔点测试(melting point)等方法来表征化合物的结构。

4.2.1　肉桂醛-乙二胺席夫碱化合物的结构分析表征

1. *N*,*N*-二苄基-1,2-乙二胺的结构表征分析

(1)产物的FTIR(cm^{-1})分析：1642(C=N),754(Ar—H),689(Ar—H)。

(2)产物的^{1}H NMR分析：采用氘代氯仿为溶剂，对所得产物进行了^{1}H NMR分析，从而确定其结构，如图4-7所示，δ 8.29(2H,CH=N),δ 7.70~7.68(4H,Ar—H),δ 7.40~7.38(Ar—H),δ 3.98(4H,—CH_2—CH_2)。^{1}H NMR谱图显示已合成目标产物*N*,*N*-二苄基-1,2-乙二胺。

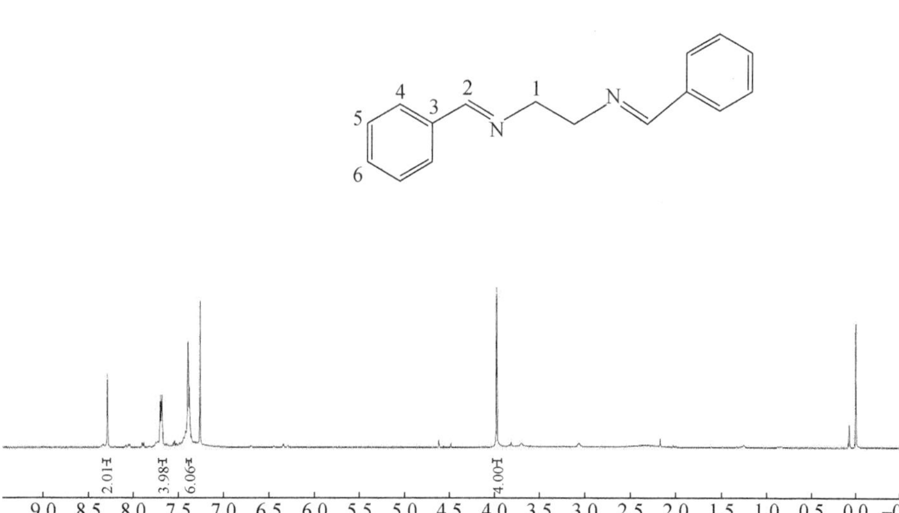

图4-7　*N*,*N*-二苄基-1,2-乙二胺的^{1}H NMR谱图

2. *N*,*N*-二反式肉桂醛-1,2-乙二胺的结构表征分析

(1) 产物的FTIR分析

肉桂醛和产品的红外光谱图如图4-8所示，谱图中曲线1为产品的红外光谱

图，谱图中曲线 2 为肉桂醛的红外光谱图。与曲线 2 相比，曲线 1 在 ~1678cm^{-1}处的吸收峰明显消失，说明肉桂醛的醛基官能团被取代，而在 ~1624cm^{-1}处的吸收峰由原来的尖锐峰变成了较宽的吸收峰，分析原因可能是生成 C ═N 双键在此处的吸收峰与 C ═C 双键的吸收峰发生了重合，由谱图的变化可以初步说明所得化合物为 *N*,*N*-二反式肉桂醛-1,2-乙二胺席夫碱。

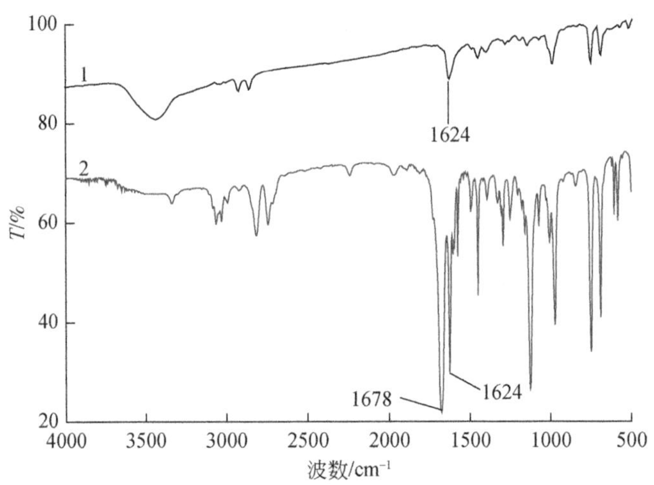

图 4-8　肉桂醛和产品的红外光谱图

1-产品，2-肉桂醛

(2) 产物的^{1}H NMR 分析

采用氘代氯仿为溶剂，对所得产物进行了^{1}H NMR 核磁分析，如图 4-9 所示，

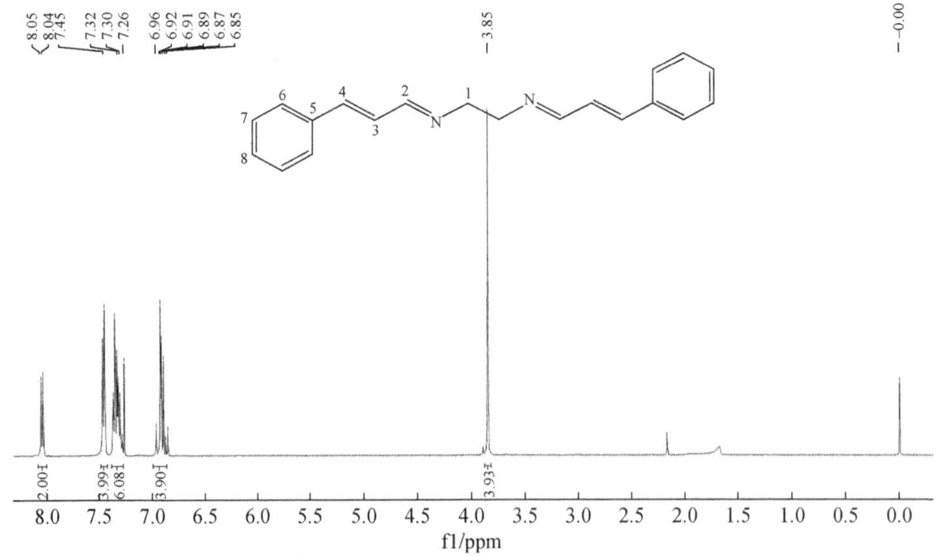

图 4-9　*N*,*N*-二反式肉桂醛-1,2-乙二胺的^{1}H NMR 谱图

δ 8.05(d,J=7.5Hz,2H,C2),δ 7.45(d,J= 7.3Hz,4H,C6),δ 7.32(dq,J=14.3,J=7.2Hz,6H,C7 和 C8),δ 6.96～6.85(m,4H,C3 和 C4),δ 3.85(t,4H,C1)。^{1}H NMR谱图显示已合成目标产物 N,N-二反式肉桂醛-1,2-乙二胺席夫碱。

3. N,N-二对甲氧基肉桂醛-1,2-乙二胺的结构表征分析

(1) 产物的 FTIR 分析

对甲氧基肉桂醛和产品的红外光谱图如图 4-10 所示。谱图中曲线 1 为产品的红外光谱图,谱图中曲线 2 为对甲氧基肉桂醛的红外光谱图。与谱图中曲线 2 相比,谱图中曲线 1 在～1678cm^{-1}处的吸收峰明显消失,说明肉桂醛的醛基官能团被取代,在～1642cm^{-1}处出现了新的吸收峰,符合 C ═N 双键的吸收特征,而～1596cm^{-1}处较大的吸收峰为 C ═C 双键的吸收峰,由谱图的变化可以初步说明所得化合物为 N,N-二对甲氧基肉桂醛-1,2-乙二胺席夫碱。

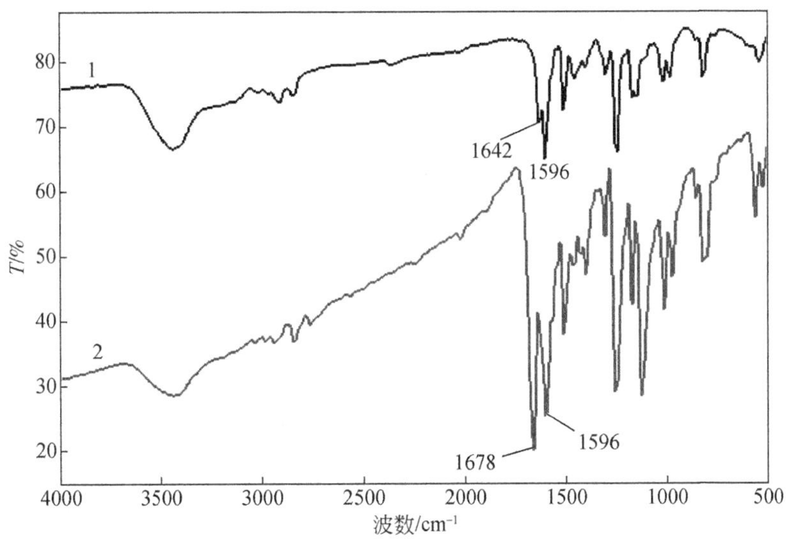

图 4-10　对甲氧基肉桂醛和 N,N-二对甲氧基肉桂醛-1,2-乙二胺的红外光谱图

1-产品,2-原料

(2) 产物的^{1}H NMR 分析

采用氘代氯仿为溶剂,对所得产物进行了^{1}H NMR 分析从而确定其结构,如图 4-11所示,δ 8.02～8.00(2H,C2),δ 7.41～7.39(4H,C6),δ 6.90～6.86(6H,C3 和 C7),δ 6.79～6.73(2H,C4),δ 3.86～3.82(10H,C1 和 C8)。^{1}H NMR 谱图显示已合成目标产物 N,N-二对甲氧基肉桂醛-1,2-乙二胺。

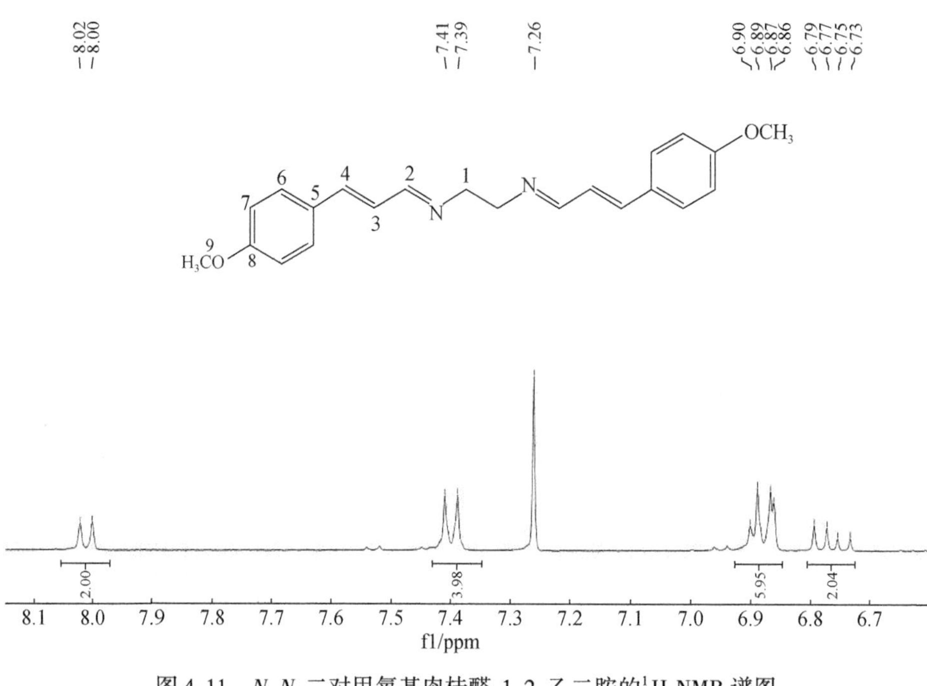

图 4-11　*N*,*N*-二对甲氧基肉桂醛-1,2-乙二胺的^{1}H NMR 谱图

4. *N*,*N*-二对氯肉桂醛-1,2-乙二胺席夫碱的结构表征分析

(1) 产物的 FTIR 分析

对氯肉桂醛和产品的红外光谱图如图 4-12 所示。谱图中曲线 1 为产品的红外光谱图,谱图中曲线 2 为对氯肉桂醛的红外光谱图。与谱图中曲线 2 相比,谱图中曲线 1 在 ~1701cm^{-1}处的吸收峰明显消失,说明肉桂醛的醛基官能团被取代,在 ~1636cm^{-1}处出现了新的吸收峰,符合 C ═N 双键的吸收特征,由谱图的变化可以初步说明所得化合物为 *N*,*N*-二对氯肉桂醛-1,2-乙二胺席夫碱。

(2) 产物的^{1}H NMR 分析

如图 4-13 和图 4-14 所示,采用氘代氯仿为溶剂,对所得产物进行^{1}H NMR 分析从而确定其结构。δ 8.03(d,*J*= 7.0Hz,2H,C2),δ 7.38(d,4H,C7),δ 7.32(d,*J*=8.6Hz,4H,C6),δ 6.91 ~ 6.85(m,4H,C3 和 C4),δ 3.84(s,4H,C1)。^{1}H NMR谱图显示已合成目标产物 *N*,*N*-二对氯肉桂醛-1,2-乙二胺席夫碱。

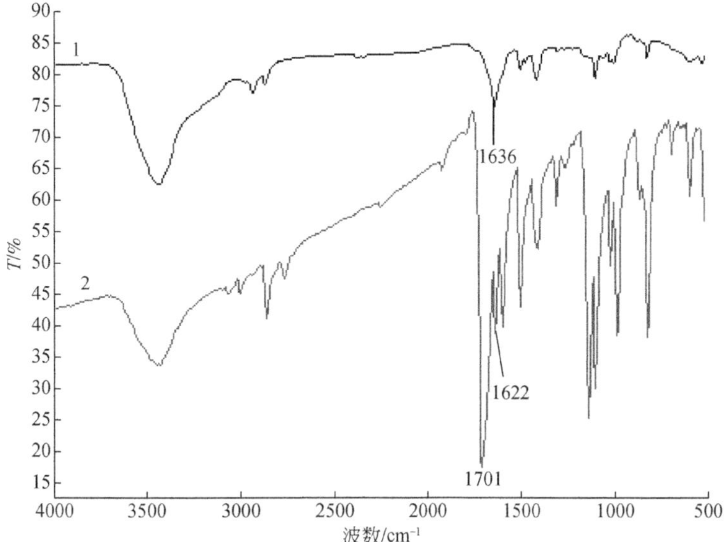

图 4-12　对氯肉桂醛和 *N*,*N*-二对氯肉桂醛-1,2-乙二胺的红外光谱图

1-产品,2-原料

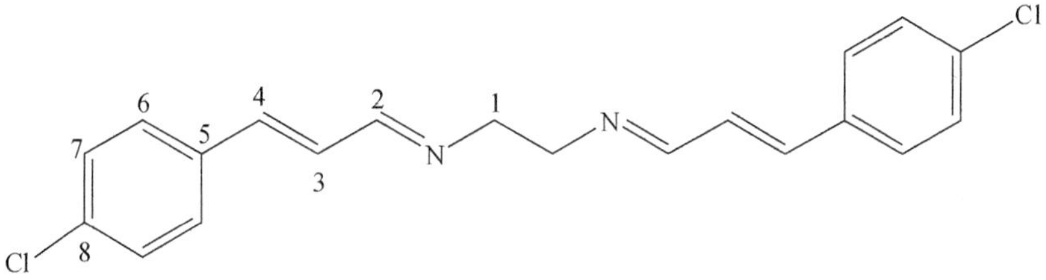

图 4-13　*N*,*N*-二对氯肉桂醛-1,2-乙二胺的结构式

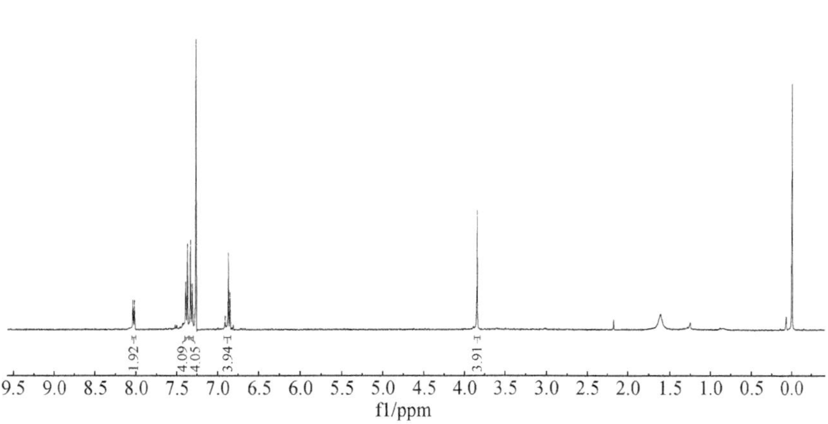

图 4-14　*N*,*N*-二对氯肉桂醛-1,2-乙二胺的[1]H NMR 谱图

4.2.2　肉桂醛–氨基酸席夫碱化合物的结构分析表征

1. 肉桂醛–谷氨酸席夫碱类化合物的结构表征分析

化合物**1**[potassium 2-(3-phenyl-allylideneamino)-pentanedioic]的表征结果如图 4-15 与图 4-16 所示。

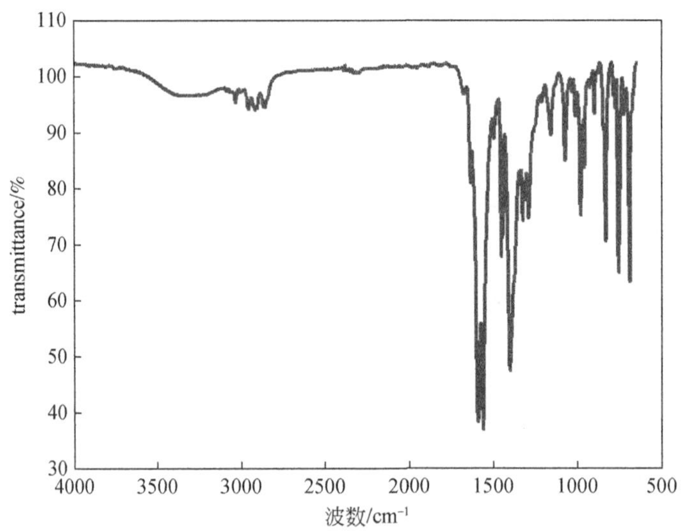

图 4-15　化合物 **1** 的红外光谱图

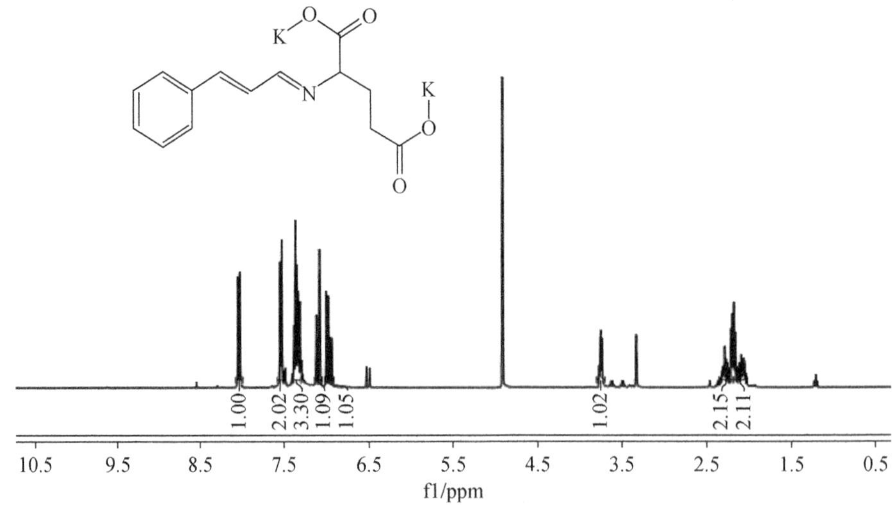

图 4-16　化合物 **1** 的核磁共振图

化合物 **1**：$C_{14}H_{13}K_2NO_4$；橘黄色粉末，熔点：233.7 ~ 236.5 ℃；FTIR（cm^{-1}）：1631（C＝O），1588（C＝N，C_{arom}＝C_{arom}），1492（C_{arom}＝C_{arom}），754（Ar—H），689（Ar—H）；^1H NMR（400MHz，D_2O）：δ 7.83（t，J = 10.0 Hz，1H，CH＝N—），7.35（dd，J = 12.3，10.8Hz，2H，Ar—H），7.19 ~ 7.10（m，3H，Ar—H），6.89（d，J = 16.0Hz，1H，CH＝C—），6.82 ~ 6.71（m，1H，C＝CH—），3.53（dd，J = 8.5，4.9Hz，1H，—CH—），2.10 ~ 2.00（m，1H，—CH—C），2.00 ~ 1.90（m，2H，—CH_2—COOK），1.89 ~ 1.80（m，1H，—CH—）；MS（ESI）m/z：$M_{[M+H]^+}$ = 337.0，发现 $[M+K]^+$ 376.2。

化合物 **2**｛potassium 2-[3-(4-methoxy-phenyl)-allylideneamino]-pentanedioic｝的表征结果如图 4-17 和图 4-18 所示。

化合物 **2**：$C_{15}H_{15}K_2NO_5$；橘黄色粉末；熔点：241.4 ~ 244.5 ℃；FTIR（cm^{-1}）：1633（C＝O），1589（C＝N，C_{arom}＝C_{arom}），1520（C_{arom}＝C_{arom}），816（Ar—H）；^1H NMR（400 MHz，D_2O）：δ 8.02（d，J = 9.0 Hz，1H，CH＝N—），7.52 ~ 7.46（m，2H，Ar—H），7.04（d，J = 15.9 Hz，1H，Ar—H），6.95 ~ 6.90（m，2H，CH＝C—），6.83（dd，J = 15.9，9.0Hz，1H，C＝CH—），3.81（s，3H，Ar—OCH_3），3.71（dd，J = 8.6，5.0Hz，1H，—CH—COOK），2.31 ~ 2.24（m，1H，—CH—），2.19 ~ 2.10（m，2H，COOK—CH_2—），2.04（d，J = 13.0Hz，1H，—CH—）；MS（ESI）m/z：$M_{[M+H]^+}$ = 367.0，发现 $[M+K]^+$ 406.3。

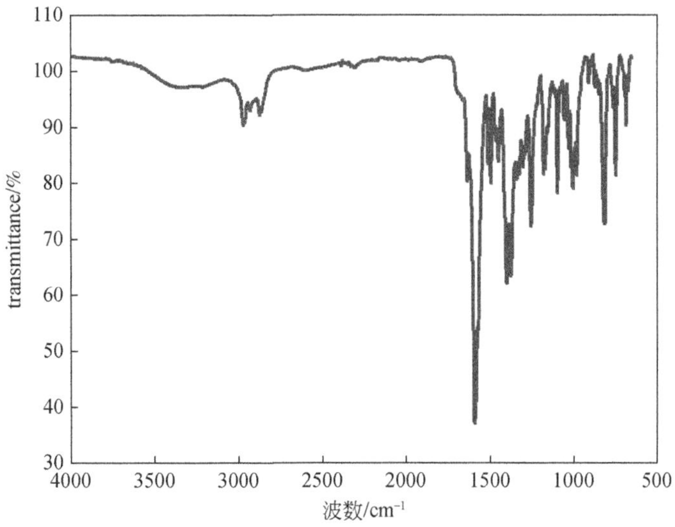

图 4-17　化合物 **2** 的红外图

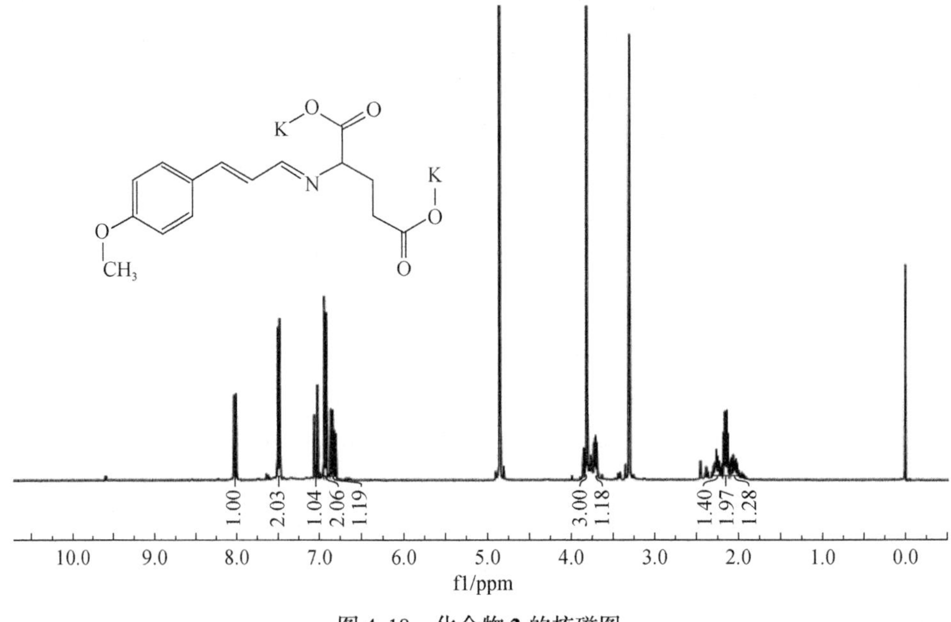

图 4-18　化合物 **2** 的核磁图

化合物 **3**{potassium 2-[3-(4-chloro-phenyl)-allylideneamino]-pentanedioic}的表征结果如图 4-19 和 4-20 所示。

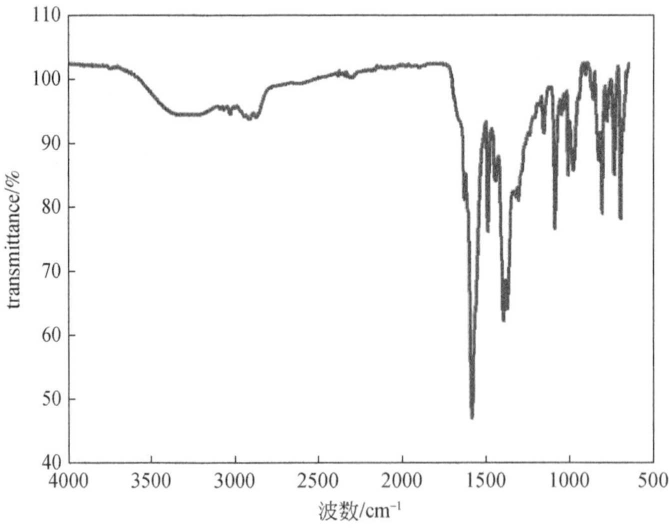

图 4-19　化合物 **3** 的红外图

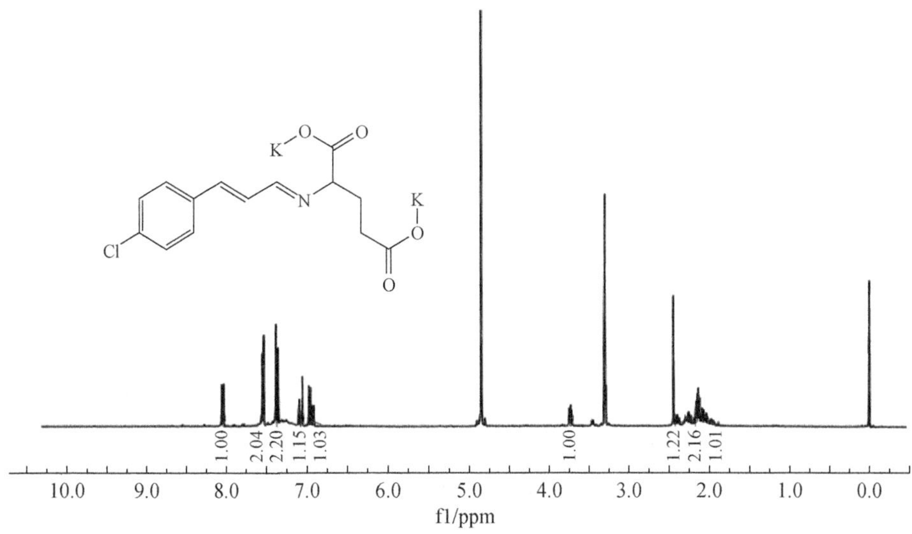

图4-20　化合物**3**的核磁谱图

2. 肉桂醛-甘氨酸席夫碱类化合物的结构表征分析

化合物**4** [potassium(3-phenyl-allylideneamino-acetic)]:$C_{11}H_{10}KNO_2$;浅黄色粉末;熔点:195.5 ~ 199.2 ℃;纯度:98.5009%;FTIR(cm^{-1}):1636(C═O),1585(C═N,C_{arom}═C_{arom}),1505(C_{arom}═C_{arom}),746(Ar—H),692(Ar—H);^{1}H NMR(500 MHz,MeOD):δ 7.99(d,J=8.9 Hz,1H,CH═N—),7.55 ~ 7.52(m,2H,Ar—H),7.38 ~ 7.30(m,3H,Ar—H),7.11(d,J=16.0 Hz,1H,C═CH—),6.93(dd,J=16.0,8.9 Hz,1H,CH═C—),4.13(d,J=0.6 Hz,2H,—CH_2—);MS(ESI) m/z:$M_{[M+H]^+}$=227.0,发现$[M+K]^+$ 266.3。

化合物**5** {potassium 2-[3-(4-methoxy-phenyl)-allylideneamino]acetic}:$C_{12}H_{11}KNO_3$;颜色:浅黄色粉末;熔点:197.2 ~ 199.7℃;纯度:84.498%;FTIR(cm^{-1}):1636(C═O),1590(C═N,C_{arom}═C_{arom}),1511(C_{arom}═C_{arom}),816(Ar—H);^{1}H NMR(500MHz,D_2O):δ 7.69(s,1H,CH═N—),7.33(s,2H,Ar—H),6.79(s,2H,Ar—H),6.65 ~ 6.54(m,1H,CH═C—),6.34(s,1H,C═CH—),3.95(s,2H,—CH_2—),3.66(s,3H,Ar—OCH_3;MS(ESI) m/z:$M_{[M+H]^+}$=257.0,发现$[M+K]^+$ 296.5。

化合物**6** {potassium 2-[3-(4-chloro-phenyl)-allylideneamino]-acetic}:$C_{11}H_9ClKNO_2$;浅黄色粉末;熔点:214.5 ~ 218.9 ℃;纯度:99.2256%;FTIR(cm^{-1}):1632(C═O),1598(C═N,C_{arom}═C_{arom}),1490(C_{arom}═C_{arom}),812(Ar—H);^{1}H NMR(400 MHz,D_2O):δ 8.04 ~ 7.98(m,1H,CH═N—),7.58 ~ 7.52(m,2H,Ar—H),

7. 40 ~ 7. 36 (m, 2H, Ar—H), 7. 10 (d, J = 16. 0Hz, 1H, CH ═C—), 6. 94 (dd, J = 16. 0, 8. 8 Hz, 1H, C ═CH—), 4. 12 (dd, J = 15. 1, 4. 7 Hz, 2H, —CH_2—); MS (ESI) m/z: $M_{[M+H]^+}$ = 261. 0,发现[M+K]$^+$ 300. 3。

3. 肉桂醛–亮氨酸席夫碱类化合物的结构表征分析

化合物 **7** [potassium 4- methyl- 2- (3- phenyl- allylideneamino) - pentanoic]: $C_{15}H_{19}KNO_2$;淡黄色粉末;熔点:254. 6 ~ 262. 7 ℃;纯度:93. 8376%;FTIR (cm^{-1}): 1636 (C ═O), 1592 (C ═N, C_{arom} ═ C_{arom}), 1491 (C_{arom} ═ C_{arom}), 754 (Ar—H), 692cm^{-1}; ^{1}H NMR(500 MHz, MeOD): δ 7. 98 (s, 1H, CH ═N—), 7. 48 (d, J = 7. 5Hz, 2H, Ar—H), 7. 30 ~ 7. 27 (m, 3H, Ar—H), 7. 02 (s, 1H, CH ═C—), 6. 44 (s, 1H, C ═ CH—), 3. 80 ~ 3. 73 (m, 1H, —CH—), 1. 69 (s, 2H, —CH_2—), 1. 45 (dt, J = 13. 4, 6. 5Hz, 1H, —CH—), 0. 87 [d, J = 6. 4 Hz, 6H, C—(CH_3)$_2$]; MS (ESI) m/z: $M_{[M+H]^+}$ = 283. 1,发现[M+K]$^+$ 322. 4。

化合物 **8** { potassium 4- methyl- 2- [3- (4- methoxy- phenyl) - allylideneamino] - pentanoic }: $C_{16}H_{20}KNO_3$;浅黄色粉末;熔点:217. 1 ~ 219. 0℃;纯度:99. 999%;FTIR (cm^{-1}): 1633 (C ═O), 1588 (C ═N, C_{arom} ═ C_{arom}), 1509 (C_{arom} ═ C_{arom}), 828 (Ar—H); ^{1}H NMR(400 MHz, D_2O): δ 8. 01 (t, J = 7. 3 Hz, 1H, CH ═N—), 7. 52 ~ 7. 47 (m, 2H, 2H, Ar—H), 7. 03 (t, J = 10. 3 Hz, 1H, —CH ═C), 6. 95 ~ 6. 90 (m, 2H, 2H, Ar—H), 6. 86 ~ 6. 77 (m, 1H, C ═CH—), 3. 85 ~ 3. 82 (m, 1H, —CH—), 3. 81 (s, 3H, Ar—OCH_3), 1. 82 ~ 1. 68 (m, 2H, —CH_2—), 1. 53 (tq, J = 13. 0, 6. 5Hz, 1H, —CH—), 0. 94 (d, J = 6. 6Hz, 3H, —CH_3), 0. 89 (t, J = 6. 7 Hz, 3H, —CH_3); MS(ESI) m/z: $M_{[M+H]^+}$ = 313. 1,发现[M+K]$^+$ 352. 4。

化合物 **9** { potassium 4- methyl- 2- [3- (4- chloro- phenyl) - allylideneamino] - pentanoic }: $C_{15}H_{17}ClKNO_2$;黄色粉末;熔点:209. 0 ~ 211. 9 ℃;纯度:93. 2114%; FTIR(cm^{-1}): 1632 (C ═O), 1598 (C ═N, C_{arom} ═ C_{arom}), 1492 (C_{arom} ═ C_{arom}), 812 (Ar—H); ^{1}H NMR(400 MHz, D_2O): δ 8. 04 (t, J = 7. 7 Hz, 1H, CH ═N—), 7. 58 ~ 7. 51 (m, 2H, Ar—H), 7. 40 ~ 7. 34 (m, 2H, Ar—H), 7. 08 (d, J = 16. 0 Hz, 1H, —HC ═ C), 6. 94 (dd, J = 16. 0, 8. 8Hz, 1H, C ═CH—), 3. 83 (td, J = 8. 4, 5. 2Hz, 1H, —CH—), 1. 82 ~ 1. 71 (m, 2H, —CH_2—), 1. 57 ~ 1. 47 (m, 1H, —CH—), 0. 94 (d, J = 6. 6Hz, 3H, —CH_3), 0. 90 (d, J = 6. 6Hz, 3H, —CH_3); MS(ESI) m/z: $M_{[M+H]^+}$ = 317. 1 [M+H]$^+$, 发现[M+K]$^+$ 356. 2。

4. 肉桂醛–缬氨酸席夫碱类化合物的结构表征分析

化合物 **10** [potassium 3- methyl- 2- (3- phenyl- allylideneamino) - butyric]:

$C_{14}H_{16}KNO_2$;浅黄色粉末;熔点:265.0 ~ 269.4 ℃;纯度:90.807%;FTIR(cm^{-1}):1636(C=O),1554(C=N,C_{arom}=C_{arom}),1513(C_{arom}=C_{arom}),769(Ar—H),691(Ar—H);^1H NMR(500 MHz,D_2O):δ 7.86(d,J=9.0Hz,1H,CH=N—),7.48(d,J=7.2Hz,2H,Ar—H),7.33 ~ 7.29(m,3H,Ar—H),7.00(d,J=15.9 Hz,1H,C=CH—),6.81(dd,J = 15.6,8.7Hz,1H,C=CH—),3.31(d,J = 7.4Hz,1H,—CH—),2.07(dq,J = 13.6,6.8Hz,1H,—CH—),0.80(s,3H,—CH_3),0.79(s,3H,—CH_3);MS(ESI)m/z:$M_{[M+H]^+}$=269.1,发现$[M+K]^+$ 308.4。

化合物 **11** {potassium 3-methyl-2-[3-(4-methoxy-phenyl)-allylideneamino]-butyric}:$C_{15}H_{18}KNO_3$;浅黄色粉末;熔点:256.7 ~ 238.5 ℃;纯度:99.999%;FTIR(cm^{-1}):1634(C=O),1588(C=N,C_{arom}=C_{arom}),1511(C_{arom}=C_{arom}),831(Ar—H);^1H NMR(400 MHz,D_2O):δ 7.98(d,J=8.9Hz,1H,CH=N—),7.52 ~ 7.46(m,2H,Ar—H),7.03(d,J=16.0 Hz,1H,—HC=C),6.95 ~ 6.90(m,2H,Ar—H),6.89 ~ 6.79(m,1H,C=CH—),3.81(s,3H,Ar—OCH_3),3.34(d,J=7.8Hz,1H,—CH—),2.25(dp,J = 13.4Hz,6.7,1H,—CH—),0.95(t,J = 8.9Hz,3H,—CH_3),0.91 ~ 0.81(m,3H,—CH_3);MS(ESI) m/z:$M_{[M+H]^+}$ = 299.1,发现$[M+K]^+$ 338.2。

化合物 **12** {potassium 3-methyl-2-[3-(4-chloro-phenyl)-allylideneamino]-butyric}:$C_{14}H_{15}ClKNO_2$;黄色粉末;熔点:266.8 ~ 268.5 ℃;纯度:99.4637%;FTIR(cm^{-1}):1634(C=O),1582(C=N,C_{arom}=C_{arom}),1491(C_{arom}=C_{arom}),811(Ar—H);^1H NMR(400 MHz,D_2O):δ 8.01(d,J=8.6 Hz,1H,CH=N—),7.54(dd,J=8.8,2.1Hz,2H,Ar—H),7.37(dd,J = 8.8,2.2Hz,2H,Ar—H),7.10 ~ 7.03(m,1H,—HC=C),7.01 ~ 6.92(m,1H,C=CH—),3.37(d,J=7.6Hz,1H,N—CH—),2.34 ~ 2.19(m,J=6.7Hz,1H,—CH—),1.00 ~ 0.92(m,3H,—CH_3),0.92 ~ 0.83(m,3H,—CH_3);MS(ESI) m/z:$M_{[M+H]^+}$=303.0,发现$[M+K]^+$ 342.0。

5. 肉桂醛-丙氨酸席夫碱类化合物的结构表征分析

化合物 **13** [potassium 2-(3-phenyl-allylideneamino)-propionic acid]:$C_{12}H_{12}KNO_2$;浅黄色粉末;熔点:199.5 ~ 201.2 ℃;纯度:99.999%;FTIR(cm^{-1}):1637(C=O),1562(C=N,C_{arom}=C_{arom}),1492(C_{arom}=C_{arom}),698(Ar—H);^1H NMR(500MHz,D_2O):δ 7.76(d,J=7.8 Hz,1H,CH=N—),7.48(dd,J=31.3,5.5Hz,5H,Ar—H),6.41(d,J=16.1 Hz,2H,CH=CH—),3.57 ~ 3.29(m,1H,—CH—),1.44 ~ 1.30(m,3H,—CH_3);MS(ESI) m/z:$M_{[M+H]^+}$=241.1,发现$[M+K]^+$ 280.3。

化合物 **14** {potassium 2-[3-(4-methoxy-phenyl)-allylideneamino]-propionic acid}:$C_{13}H_{14}KNO_3$;浅黄色粉末;熔点:211.4 ~ 216.1 ℃;纯度:92.0154%;FTIR

(cm^{-1}):1635(C ═O),1589(C ═N,C_{arom}═C_{arom}),1508(C_{arom}═C_{arom}),824(Ar—H);^{1}H NMR(500MHz,D_2O):δ 7.78(d,J=9.1Hz,1H,CH ═N—),7.35(d,J=8.3Hz,2H,Ar—H),6.90 ~ 6.81(m,2H,Ar—H),6.58(dd,J=15.9,9.1Hz,1H,CH ═C—),6.28(d,J=7.2 Hz,1H,C ═CH—),3.70(q,J=6.9Hz,1H,—CH—),3.64(s,3H,Ar—OCH_3),1.18(d,J=6.9Hz,3H,—CH_3);MS(ESI) m/z:$M_{[M+H]^+}$=2471.1,发现$[M+K]^+$ 310.2。

化合物 **15** {potassium 2-[3-(4-chloro-phenyl)-allylideneamino]-propionic acid}:$C_{12}H_{11}ClKNO_2$;浅黄色粉末;熔点:215.5 ~ 219.1 ℃;纯度:87.713%;FTIR(cm^{-1}):1634(C ═O),1580(C ═N,C_{arom}═C_{arom}),1492(C_{arom}═C_{arom}),1511(C_{arom}═C_{arom}),810(Ar—H);^{1}H NMR(400 MHz,D_2O):δ 7.90(dd,J=11.9,7.7Hz,1H,CH ═N—),7.42 ~ 7.36(m,2H,Ar—H),7.25 ~ 7.20(m,2H,Ar—H),6.93(d,J=16.0Hz,1H,CH ═C—),6.82 ~ 6.73(m,1H,C ═CH—),3.77 ~ 3.69(m,1H,—CH—),1.27(dd,J=9.0,5.0 Hz,3H,—CH_3);MS(ESI) m/z:$M_{[M+H]^+}$=275.0,发现$[M+K]^+$ 314.1。

6. 肉桂醛-苯丙氨酸席夫碱类化合物的结构表征分析

化合物 **16**[potassium 3-phenyl-2-(3-phenyl-allylideneamino)-propionic acid]:$C_{18}H_{16}KNO_2$;浅黄色粉末;熔点:158.9 ~ 160.5 ℃;纯度:87.7994%;FTIR(cm^{-1}):1636(C ═O),1596(C ═N,C_{arom}═C_{arom}),1510(C_{arom}═C_{arom}),769(Ar—H),695(Ar—H);^{1}H NMR(400 MHz,D_2O):δ 7.51(qd,J=3.5Hz,2.0,4H,Ar—H),7.41(d,J=7.2Hz,1H,CH ═N—),7.38(s,1H,Ar—H),7.37 ~ 7.30(m,5H,Ar—H),6.50(d,J=16.0Hz,2H,CH ═CH—),3.37 ~ 3.32(m,2H,—CH_2—);MS(ESI) m/z:$M_{[M+H]^+}$=317.1,发现$[M+K]^+$ 356.2。

化合物 **17** {potassium 3-phenyl-2-[3-(4-methoxy-phenyl)-allylideneamino]-propionic acid}:$C_{19}H_{18}KNO_3$;浅黄色粉末;熔点:150.1 ~ 152.6 ℃;纯度:84.4240%;FTIR(cm^{-1}):1632(C ═O),1586(C ═N,C_{arom}═C_{arom}),1512(C_{arom}═C_{arom}),821(Ar—H);^{1}H NMR(400 MHz,D_2O):δ 7.59(d,J=8.6Hz,1H,CH ═N—),7.45 ~ 7.41(m,2H,Ar—H),7.23 ~ 7.15(m,4H,Ar—H),7.13 ~ 7.08(m,1H,C ═CH—),6.92 ~ 6.88(m,2H,Ar—H),6.83(d,J=16.0Hz,1H,C ═CH—),6.73(dd,J=15.9,8.6Hz,1H,C ═CH—),3.80(s,3H,Ar—OCH_3),3.34(s,2H,—CH_2—),2.99(dd,J=13.5,9.7 Hz,1H,—CH—);MS(ESI) m/z:$M_{[M+H]^+}$=347.1,发现$[M+K]^+$ 386.2。

化合物 **18** {potassium 3-phenyl-2-[3-(4-chloro-phenyl)-allylideneamino]-propionic acid}:$C_{18}H_{15}ClKNO_2$;黄色粉末;熔点:148.7 ~ 150.9 ℃;纯度:98.8529%;

FTIR(cm^{-1}):1633(C =O),1585(C =N,C_{arom}=C_{arom}),1492(C_{arom}=C_{arom}),810(Ar—H);^1H NMR(400 MHz,D_2O):δ 7.63 ~7.59(m,1H,CH =N—),7.50 ~7.46(m,2H,Ar—H),7.36 ~7.33(m,2H,Ar—H),7.36 ~7.33(m,2H,Ar—H),7.19(dd,*J*=6.3,1.7,2H,Ar—H),7.18 ~7.15(m,2H,Ar—H),7.13 ~7.08(m,1H,Ar—H),6.87(s,1H,C =CH—),6.85(d,*J*=1.0 Hz,1H,C =CH—),3.35(dd,*J*=9.3,4.3Hz,2H,—CH_2),3.00(d,*J*=3.8 Hz,1H,—CH);MS(ESI) *m/z*:$M_{[M+H]^+}$=351.0,发现$[M+K]^+$ 390.0。

7. 肉桂醛-酪氨酸席夫碱类化合物的结构表征分析

化合物 **19**[potassium 3-(4-hydroxy-phenyl)-2-(3-phenyl-allylideneamino)-propionic acid]:$C_{18}H_{16}KNO_3$;浅黄色粉末;熔点:199.4 ~ 203.1 ℃;纯度:96.7244%;FTIR(cm^{-1}):1633(C =O),1587(C =N,C_{arom}=C_{arom}),1512(C_{arom}=C_{arom}),752(Ar—H),691(Ar—H);^1H NMR(400MHz,D_2O):δ 7.45(dd,*J*=6.1,2.6Hz,1H,CH =N—),7.36(dd,*J*=3.3,1.7Hz,1H,Ar—H),7.22 ~7.18(m,2H,Ar—H),6.85 ~6.81(m,2H,Ar—H),6.75 ~6.71(m,2H,Ar—H),6.51 ~6.49(m,1H,CH =C—),6.49 ~6.46(m,1H,C =CH—),3.68(dd,*J*=9.6,4.1Hz,1H,—CH—),3.09(dd,*J*=13.7,4.1 Hz,1H,—CH—),2.74(dd,*J*=13.6,9.7Hz,1H,—CH—);MS(ESI) *m/z*:$M_{[M+H]^+}$=333.1,发现$[M+K]^+$ 372.2。

化合物 **20**{potassium 3-(4-hydroxy-phenyl)-2-[3-(4-methoxy-phenyl)-allylideneamino]-propionic acid}:$C_{19}H_{18}KNO_4$;浅黄色粉末;熔点:230.8 ~231.2 ℃;纯度:84.3454%;FTIR(cm^{-1}):1632(C =O),1584(C =N,C_{arom}=C_{arom}),1510(C_{arom}=C_{arom}),827(Ar—H),812(Ar—H); ^1H NMR(400 MHz,D_2O):δ 7.58(d,*J*=8.6Hz,1H,CH =N—),7.46 ~7.42(m,2H,Ar—H),7.01 ~6.96(m,2H,Ar—H),6.93 ~6.88(m,2H,Ar—H),6.84(d,*J*=16.0Hz,1H,C =CH—),6.78 ~6.71(m,1H,C =CH—),6.66 ~ 6.61(m,2H,Ar—H),3.82(t,*J*=3.5 Hz,1H,—CH—),3.80(s,3H,Ar—OCH_3),3.23(dd,*J*=13.7Hz,4.2,1H,—CH—),2.89(dd,*J*=13.6,9.6Hz,1H,—CH—);MS(ESI) *m/z*:$M_{[M+H]^+}$=363.1,发现$[M+K]^+$ 402.3。

化合物 **21**{potassium 3-(4-hydroxy-phenyl)-2-[3-(4-chloro-phenyl)-allylideneamino]-propionic acid}:$C_{18}H_{15}ClKNO_3$;黄色粉末;熔点:186.8 ~ 187.5 ℃;纯度:98.1455%;FTIR(cm^{-1}):1633(C =O),1589(C =N,C_{arom}=C_{arom}),1515(C_{arom}=C_{arom}),820(Ar—H);^1H NMR(400MHz,D_2O):δ 7.58(t,*J*=4.3Hz,1H,CH =N—),7.51 ~ 7.46(m,2H,Ar—H),7.37 ~ 7.32(m,2H,Ar—H),6.98 ~ 6.94(m,2H,Ar—H),6.87(d,*J*=4.5Hz,2H,Ar—H),6.65 ~6.63(m,1H,C =CH—),

6.63 ~ 6.60(m,1H,C ═CH—),3.82(dt,J=7.7,3.9Hz,1H,—CH—),3.23(dd,J=13.6,4.0 Hz,1H,—CH—),2.89(dd,J=13.6,9.7 Hz,1H,—CH—);MS(ESI) m/z:$M_{[M+H]^+}$=367.0,发现[M+K]$^+$ 406.3。

4.3 肉桂醛席夫碱化合物的抑菌性能

本章采用滤纸片法分别研究了肉桂醛-乙二胺席夫碱类化合物对黑曲霉(*Aspergillus niger*)、宛氏拟青霉(*Paecilomyces varioti*)和淡紫拟青霉(*Paecilomyces lilacinus*)的抑菌性能,以及肉桂醛-氨基酸席夫碱类化合物对黑曲霉和桔青霉(*Penicillium citrinum*)的抗真菌性能和对大肠杆菌(*Escherichia coli*)与金黄色葡萄球菌(*Staphylococcus aureus*)的抗细菌性能。进而对肉桂醛-氨基酸席夫碱化合物的广谱抑菌性能展开研究,测试菌种涵盖了细菌中的革兰氏阴性菌和阳性菌及木材腐朽和霉变真菌等 9 种微生物,具体抑菌性能测试方法如第 2 章所述。

为更好地对比分析肉桂醛席夫碱类化合物的抑菌性能,采用氟康唑作为抗真菌性能对照化合物。氟康唑(含量:98%;CAS:86386-73-4)是一种广谱的三唑类抗真菌药物,是 WHO 制定的治疗全身性真菌感染的首选药物之一,其化学结构如图 4-21 所示。

在对细菌的抗菌实验中采用环丙沙星(ciprofloxacin,含量 98%,CAS:8572-33-1)作为对照化合物[20]。环丙沙星是喹诺酮类抗菌药物,具广谱抗菌活性。其化学结构如图 4-21 所示。

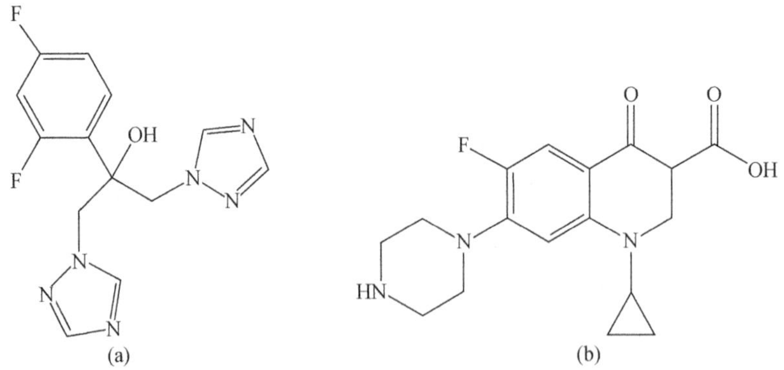

图 4-21 对照化合物氟康唑(a)和环丙沙星(b)的结构

所有测试化合物在不同浓度下的抗真菌测试平行测试三组。采用游标卡尺测量抑菌圈的直径。本书中抑菌圈实验结果表达为:平均值±标准偏差。标准偏差的计算公式如下:

$$S = \sqrt{\frac{1}{N-1}\sum_{i=1}^{N}(d_i - \bar{d})^2}$$

式中，$d_i = d_1, d_2, d_3$，分别为每个化合物平行测定三组的抑菌圈直径。抑菌圈直径最小单位保留到 1/10mm，N 为 3。

研究数据采用 SPSS 软件 one-way ANOVA 进行方差分析，进行单因素变量分析，采用 Duncan's multiple range test 进行多组样本间差异显著性分析（$p<0.05$）。

4.3.1　肉桂醛–乙二胺席夫碱化合物的抑真菌性分析

1. *N*,*N*-二反式肉桂醛-1,2-乙二胺的抑菌活性分析

表 4-1 和表 4-2 分别是肉桂醛和 *N*,*N*-二反式肉桂醛-1,2-乙二胺对所选菌种对的抑菌圈直径，图 4-22、图 4-23 分别为肉桂醛和 *N*,*N*-二反式肉桂醛-1,2-乙二胺对黑曲霉、宛氏拟青霉和淡紫拟青霉的抑菌效果图。

表 4-1　肉桂醛对 3 种霉菌的抑菌圈直径　（单位：mm）

菌种	肉桂醛的浓度					
	空白	2mg/mL	4mg/mL	8mg/mL	16mg/mL	32mg/mL
黑曲霉（*Aspergillus niger*）	0	0	0	9	13	15
宛氏拟青霉（*Paecilomyces varioti*）	0	0	0	8	10	18
淡紫拟青霉（*Paecilomyces lilacinus*）	0	0	8	13	24	47

表 4-2　*N*,*N*-二反式肉桂醛-1,2-乙二胺对所选菌种的抑菌圈直径

（单位：mm）

菌种	产品浓度					
	空白	2mg/mL	4mg/mL	8mg/mL	16mg/mL	32mg/mL
黑曲霉（*Aspergillus niger*）	0	4	9	10	12	13
宛氏拟青霉（*Paecilomyces varioti*）	0	8	8	9	10	15
淡紫拟青霉（*Paecilomyces lilacinus*）	0	0	11	19	25	40

从表 4-1 和表 4-2 和图 4-22、图 4-23 可以观察到肉桂醛和 *N*,*N*-二反式肉桂醛-1,2-乙二胺对所选几种木材霉菌的抑菌效果。相对于肉桂醛，*N*,*N*-二反式肉桂醛-1,2-乙二胺在较低浓度时就表现出了一定的抑菌效果，并随着浓度的升高其抑菌效果也逐渐增加，其抑菌效果与肉桂醛相接近。当 *N*,*N*-二反式肉桂醛-1,2-乙二胺的浓度为 32.0mg/mL 时，根据第 3 章中式(3-1)，可得 *N*,*N*-二反式肉桂醛-1,2-乙二胺对黑曲霉和宛氏拟青霉的 lgAR 分别为 1.9098 和 1.5966。运用第 3 章

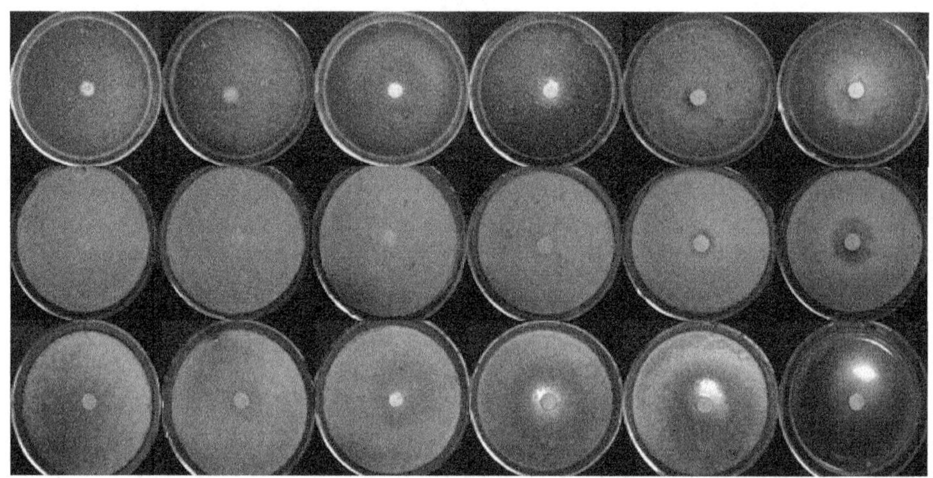

图 4-22　肉桂醛对几种霉菌的抑菌效果图

从左到右浓度依次为 0mg/mL、2. 0mg/mL、4. 0mg/mL、8. 0mg/mL、16. 0mg/mL 和 32. 0mg/mL，从上到下依次为黑曲霉、宛氏拟青霉和淡紫拟青霉

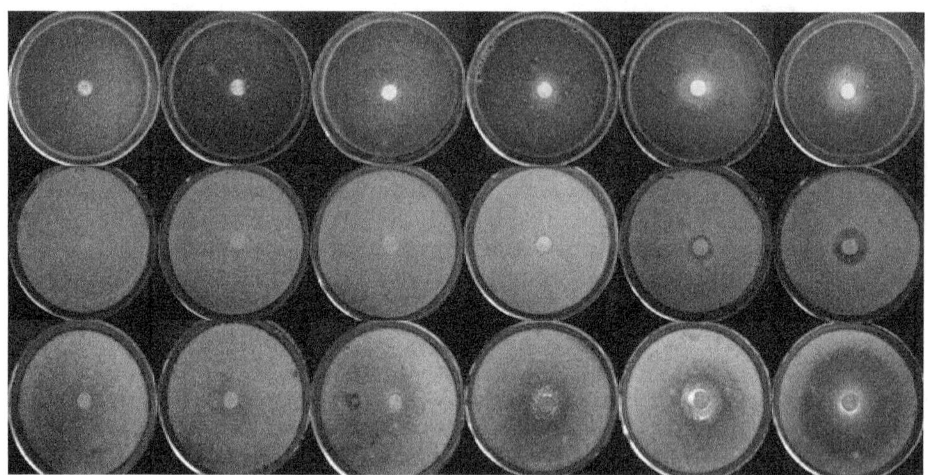

图 4-23　*N*,*N*-二反式肉桂醛-1,2-乙二胺对几种霉菌的抑菌效果图

从左到右浓度依次为 0mg/mL、2. 0mg/mL、4. 0mg/mL、8. 0mg/mL、16. 0mg/mL 和 32. 0mg/mL，从上到下依次为黑曲霉、宛氏拟青霉和淡紫拟青霉

所得模型计算出来的 *N*,*N*-二反式肉桂醛-1,2-乙二胺对黑曲霉和宛氏拟青霉的 lgAR 分别为 5. 0442 和 1. 5695。可知，对宛氏拟青霉的预测是比较接近实验值的，具有很高的可信度，而对黑曲霉虽然没有预测的那么高但也表现出了很好的抑菌活性。

2. *N*,*N*-二反式肉桂醛-1,2-乙二胺衍生物的抑菌活性分析

表 4-3、表 4-4 和表 4-5 分别是 *N*,*N*-二苄基-1,2-乙二胺、*N*,*N*-二对甲氧基肉桂醛-1,2-乙二胺和 *N*,*N*-二对氯肉桂醛-1,2-乙二胺对所选菌种的抑菌圈直径。

表 4-3 *N*,*N*-二苄基-1,2-乙二胺对所选菌种的抑菌圈直径 (单位:mm)

菌种	*N*,*N*-二苄基-1,2-乙二胺的浓度					
	空白	2mg/mL	4mg/mL	8mg/mL	16mg/mL	32mg/mL
黑曲霉(*Aspergillus niger*)	0	0	0	0	8	10
宛氏拟青霉(*Paecilomyces varioti*)	0	0	0	8	8	9
淡紫拟青霉(*Paecilomyces lilacinus*)	0	0	0	0	12	16

表 4-4 *N*,*N*-二对甲氧基肉桂醛-1,2-乙二胺对所选菌种的抑菌圈直径

(单位:mm)

菌种	*N*,*N*-二对甲氧基肉桂醛-1,2-乙二胺的浓度					
	空白	2mg/mL	4mg/mL	8mg/mL	16mg/mL	32mg/mL
黑曲霉(*Aspergillus niger*)	0	<8	<8	8	11	13
宛氏拟青霉(*Paecilomyces varioti*)	0	8	9	11	15	17
淡紫拟青霉(*Paecilomyces lilacinus*)	0	<8	8	14	19	22

表 4-5 *N*,*N*-二对氯肉桂醛-1,2-乙二胺对所选菌种的抑菌圈直径

(单位:mm)

菌种	*N*,*N*-二对氯肉桂醛-1,2-乙二胺的浓度					
	空白	2mg/mL	4mg/mL	8mg/mL	16mg/mL	32mg/mL
黑曲霉(*Aspergillus niger*)	0	<8	<8	8	12	13
宛氏拟青霉(*Paecilomyces varioti*)	0	10	11	12	12	13
淡紫拟青霉(*Paecilomyces lilacinus*)	0	9	11	13	12	13

由此可知,*N*,*N*-二苄基-1,2-乙二胺、*N*,*N*-二对甲氧基肉桂醛-1,2-乙二胺和 *N*,*N*-二对氯肉桂醛-1,2-乙二胺对所选菌种都有一定的抑菌效果。其中 *N*,*N*-二对甲氧基肉桂醛-1,2-乙二胺和 *N*,*N*-二对氯肉桂醛-1,2-乙二胺在较低浓度时就表现一定的抑菌效果;*N*,*N*-二对氯肉桂醛-1,2-乙二胺的抑菌能力随着浓度的增加,抑菌效果并不明显;*N*,*N*-二对甲氧基肉桂醛-1,2-乙二胺随着浓度的升高,对淡紫拟青霉的抑菌效果较好。

4.3.2　肉桂醛–氨基酸席夫碱化合物的抑真菌性分析

1. 肉桂醛抑菌活性分析

本章采用滤纸片法测定了肉桂醛和新合成的21种化合物对两种真菌的抑制效果。选用的两种真菌分别为黑曲霉和桔青霉,这是两种常见的霉菌,具有非常强的生命力,能够引起食物、木材等很多材料的霉变[108]。使用一种熟知的抗真菌药物氟康唑[109]作为标准化合物与肉桂醛–氨基酸席夫碱类化合物进行比较。

对于黑曲霉,在测试浓度为0.250mol/L和0.125mol/L时,肉桂醛的抑制作用要强于氟康唑,当浓度继续减小,氟康唑仍具有不错的抑制效果,而肉桂醛则表现的不是很理想。对桔青霉来讲,氟康唑表现出比较弱的抑制作用,肉桂醛对桔青霉生长的抑制作用都强于氟康唑。肉桂醛和氟康唑在测试浓度下的抑真菌活性如图4-24所示,其抑菌圈直径数据列于表4-6。

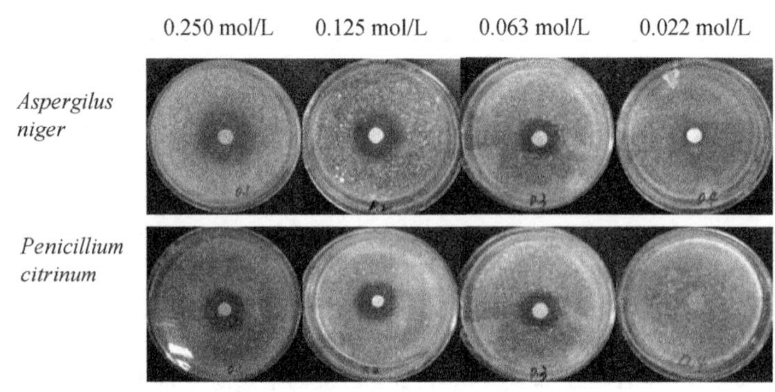

图4-24　肉桂醛对黑曲霉和桔青霉的生长抑制效果图

表4-6　肉桂醛与氟康唑对桔青霉和黑曲霉生长抑菌圈直径（单位:mm）

测试菌种	测试样品名称	测试浓度			
		0.250mol/L	0.125mol/L	0.063mol/L	0.022mol/L
黑曲霉	肉桂醛	26.7±0.33d	22.3±1.45c	16.0±2.08b	8.0±0.00a
	氟康唑	25.0±0.58d	18.7±0.67c	17.7±0.33c	14.5±0.29b
桔青霉	肉桂醛	29.7±2.67c	28.7±2.33c	15.0±0.67b	12.2±1.69b
	氟康唑	13.3±0.67c	13.0±0.58c	9.2±0.60b	8.0±0.00b

注:字母a～d表明了化合物测试浓度的显著性差异。

2. 肉桂醛-谷氨酸席夫碱类化合物的抑真菌活性分析

化合物**1**～**3**对黑曲霉和桔青霉的生长抑制效果图和抑菌圈直径数据如图4-25和表4-7所示。

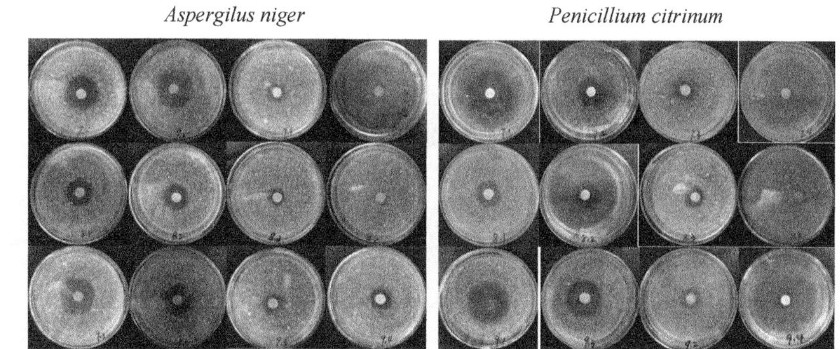

图4-25　肉桂醛-谷氨酸席夫碱类化合物对黑曲霉和桔青霉的抑制效果图

从左至右浓度依次为0.250mol/L、0.125mol/L、0.063mol/L、0.022mol/L

表4-7　肉桂醛-谷氨酸席夫碱类化合物对黑曲霉和桔青霉的抑菌圈直径

（单位：mm）

测试菌种	测试样品名称	测试浓度			
		0.250mol/L	0.125mol/L	0.063mol/L	0.022mol/L
黑曲霉	**1**	25.0±1.53c	22.7±3.71c	13.8±0.44b	8.0±0.00b
	2	23.2±0.17a	20.3±0.88d	13.2±1.17c	8.8±0.17b
	3	21.0±0.58c	23.3±1.20c	17.3±0.88b	17.7±0.33b
桔青霉	**1**	38.0±4.04d	25.3±0.88c	14.0±0.00b	9.7±0.33b
	2	20.7±0.88c	25.3±0.88d	13.3±1.67b	11.5±0.29b
	3	35.0±1.00d	23.0±2.52c	18.7±0.67b	17.0±2.08b

注：字母a～d表明了化合物测试浓度的显著性差异。

从图4-25可以明显看出化合物**1**～**3**的抑菌效果，这三种化合物对黑曲霉和桔青霉的生长都有较强的抑制作用，且随着测试浓度的增加，抑菌圈直径明显增大，抑菌效果增加。化合物**1**和**3**对桔青霉的抑菌圈直径要大于这两种化合物对黑曲霉的抑菌圈直径。而化合物**2**对两种测试菌种生长的抑制作用并没有明显的差别。

对比所有化合物对桔青霉的抑菌圈直径数据，发现化合物**1**表现出对桔青霉最强的抑制作用，其抑菌圈直径达到38mm。同等浓度下抗真菌药物氟康唑对桔青霉的抑菌圈直径只有13.3mm。

3. 肉桂醛-甘氨酸席夫碱类化合物的抑真菌活性分析

化合物**4**～**6**对黑曲霉和桔青霉的生长抑制效果图和抑菌圈直径数据如图4-26和表4-8所示。

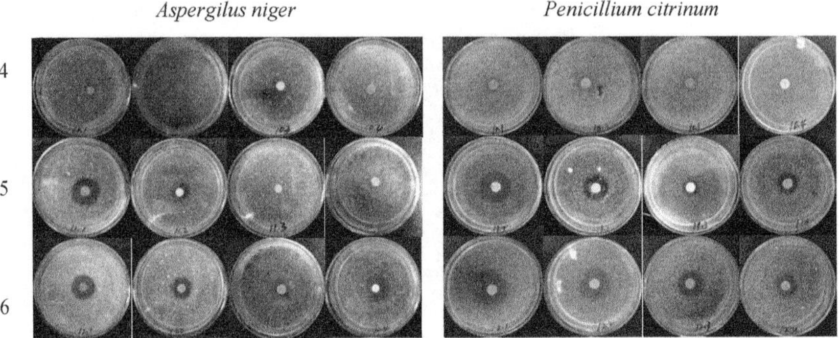

图4-26 肉桂醛-甘氨酸席夫碱类化合物对黑曲霉和桔青霉的抑制效果图

从左至右浓度依次为0.250mol/L、0.125mol/L、0.063mol/L、0.022mol/L

表4-8 肉桂醛-甘氨酸席夫碱类化合物对黑曲霉和桔青霉的抑菌圈直径

（单位：mm）

测试菌种	测试样品名称	测试浓度			
		0.250mol/L	0.125mol/L	0.063mol/L	0.022mol/L
黑曲霉	**4**	11.0±0.00c	8.7±0.33b	9.0±0.58b	8.0±0.00b
	5	23.3±0.33d	17.7±0.67c	8.0±0.00a	11.3±0.33b
	6	23.7±0.33c	23.0±0.58c	21.7±1.20b	12.0±1.53c
桔青霉	**4**	10.3±0.14c	10.6±0.67c	11.0±1.00c	8.0±0.00b
	5	21.0±2.08c	11.7±0.88b	8.7±0.33b	11.5±0.29b
	6	25.0±1.00c	21.67±1.67d	20.3±0.67bc	16.3±1.20b

注：字母a～d表明了化合物测试浓度的显著性差异。

由图4-26可以明显看出化合物**5**和**6**对黑曲霉和桔青霉的抑菌效果强于化合物**4**，根据化合物**4**～**6**在结构上的差别分析，发现苯环上有无取代基对甘氨酸-肉桂醛席夫碱对两种测试霉菌的抑菌效果有较大的影响，苯环上取代基的引入增加了化合物的抑菌性能。从表4-8可以看出，随着化合物测试浓度的增加，测试化合物对黑曲霉和桔青霉的抑菌圈直径明显增大（$p<0.05$）。

4. 肉桂醛-亮氨酸席夫碱类化合物的抑真菌活性分析

化合物**7**~**9** 对黑曲霉和桔青霉的生长抑制效果图和抑菌圈直径数据如图 4-27和表 4-9 所示。

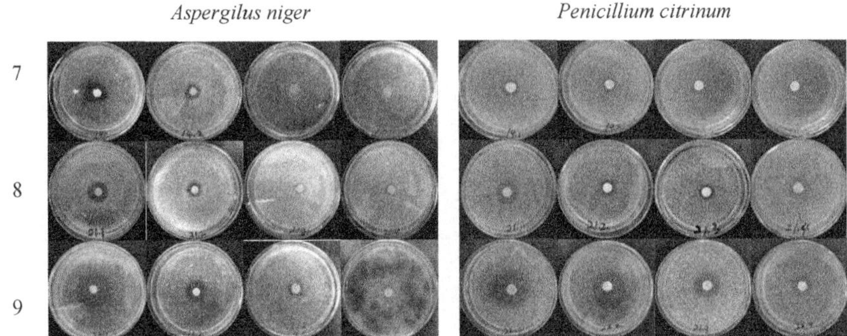

图 4-27　肉桂醛-亮氨酸席夫碱类化合物对黑曲霉和桔青霉的抑制效果图

从左至右依次为浓度 0. 250mol/L、0. 125mol/L、0. 063mol/L、0. 022mol/L

表 4-9　肉桂醛-亮氨酸席夫碱类化合物对黑曲霉和桔青霉的抑菌圈直径

（单位：mm）

测试菌种	测试样品名称	测试浓度			
		0. 250mol/L	0. 125mol/L	0. 063mol/L	0. 022mol/L
黑曲霉	**7**	12. 7±0. 93b	12. 3±1. 45a	13. 0±0. 00a	8. 0±0. 00a
	8	16. 7±0. 88b	13. 3±0. 33b	10. 3±0. 17a	9. 0±0. 00a
	9	27. 3±3. 18b	24. 0±0. 58a	19. 0±2. 00a	15. 7±1. 20a
桔青霉	**7**	12. 5±1. 26b	9. 7±0. 33a	8. 0±0. 00a	9. 0±0. 00a
	8	14. 3±1. 17b	11. 7±0. 33a	12. 7±1. 76a	8. 0±0. 00a
	9	33. 5±0. 88b	31. 0±1. 53b	19. 5±1. 04a	20. 7±4. 70a

注：字母 a~b 表明了化合物测试浓度的显著性差异。

从图 4-27 可以看出，肉桂醛-亮氨酸席夫碱化合物对黑曲霉和桔青霉生长抑制作用较弱，尤其是化合物 **7** 和 **8** 在较低的测试浓度下，几乎看不到抑菌圈的范围，但滤纸片上无黑曲霉和桔青霉的菌丝和孢子生长。化合物 **8** 对黑曲霉和桔青霉的抑菌圈直径都小于同条件下氟康唑表现出的抑菌圈大小。同样随着化合物浓度的增加，抑菌圈直径增加。

5. 肉桂醛-缬氨酸席夫碱类化合物的抑真菌活性分析

化合物**10** ~ **12** 对黑曲霉和桔青霉的抑菌效果图和抑菌圈直径数据如图 4-28 和表 4-10 所示。

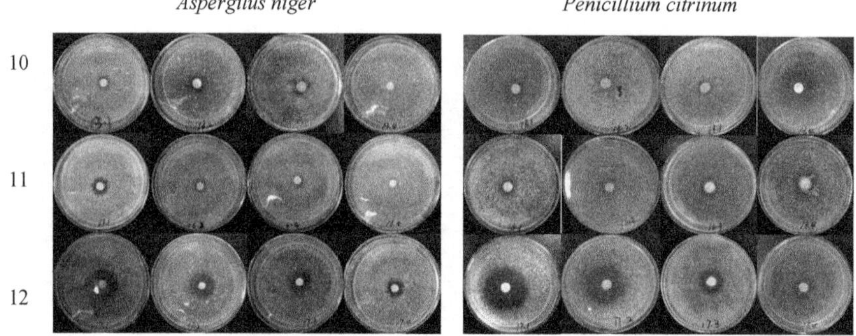

图 4-28　肉桂醛-缬氨酸席夫碱类化合物对黑曲霉和桔青霉的生长抑制效果图

从左至右浓度依次为 0. 250mol/L、0. 125mol/L、0. 063mol/L、0. 022mol/L

表 4-10　肉桂醛-缬氨酸席夫碱类化合物对黑曲霉和桔青霉的抑菌圈直径

（单位：mm）

测试菌种	测试样品名称	测试浓度			
		0. 250mol/L	0. 125mol/L	0. 063mol/L	0. 022mol/L
黑曲霉	**10**	16. 3±2. 40b	9. 8±0. 44b	8. 0±0. 00fb	8. 0±0. 00a
	11	19. 0±1. 00c	16. 0±1. 04b	10. 5±1. 50a	9. 7±0. 33a
	12	29. 3±0. 67c	20. 7±1. 45c	18. 7±2. 03b	18. 3±2. 03a
桔青霉	**10**	10. 5±0. 29b	9. 0±0. 00a	9. 3±0. 33a	8. 5±0. 29a
	11	17. 7±1. 86b	12. 0±0. 58b	10. 0±0. 58b	12. 0±0. 00a
	12	28. 3±0. 88b	25. 7±1. 67b	19. 7±0. 33a	16. 5±0. 87a

注：字母 a ~ c 表明了化合物测试浓度的显著性差异。

从图 4-28 可以明显看出化合物 **12** 对黑曲霉和桔青霉生长有很强的抑制作用，这样的抑菌效果要好于氟康唑和肉桂醛的活性。从表 4-10 可以看出化合物 **12** 的抑菌圈直径随着测试浓度的增加而明显增大。而化合物 **10** 和化合物 **11** 的抑菌性能则表现一般，这两种化合物对黑曲霉的抑菌性能低于氟康唑和肉桂醛的抑菌性能。从化合物结构方面来讲，缬氨酸-肉桂醛氨基酸席夫碱化合物在苯环上引入卤素（氯原子）明显地增强了化合物对黑曲霉和桔青霉的抑菌性能。

6. 肉桂醛–丙氨酸席夫碱类化合物的抑真菌活性分析

化合物 **13** ~ **15** 对黑曲霉和桔青霉的生长抑制效果图和抑菌圈直径数据如图 4-29和表 4-11 所示。

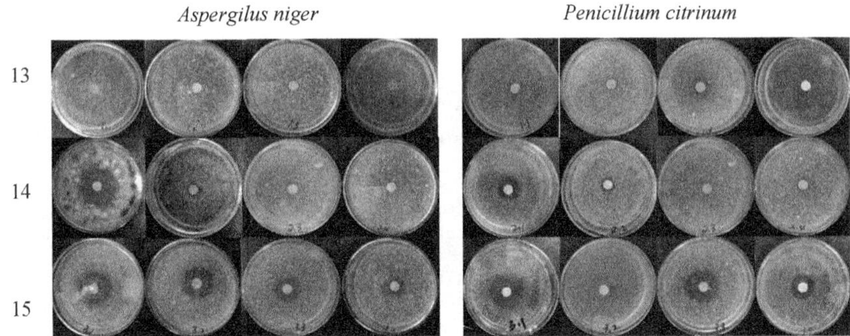

图 4-29　肉桂醛–丙氨酸席夫碱类化合物对黑曲霉和桔青霉的生长抑制效果图

从左至右浓度依次为 0. 250mol/L、0. 125mol/L、0. 063mol/L、0. 022mol/L

表 4-11　肉桂醛–丙氨酸席夫碱类化合物对黑曲霉和桔青霉的抑菌圈直径

（单位：mm）

测试菌种	测试样品名称	测试浓度			
		0. 250mol/L	0. 125mol/L	0. 063mol/L	0. 022mol/L
黑曲霉	**13**	9. 7±0. 33c	8. 3±0. 33b	8. 0±0. 00b	8. 0±0. 00b
	14	15. 8±0. 73d	10. 5±0. 29b	12. 7±0. 67c	8. 0±0. 00a
	15	26. 7±1. 20z	24. 7±0. 33z	19. 3±0. 67c	13. 8±1. 42b
桔青霉	**13**	8. 0±0. 00b	10. 3±0. 88b	9. 3±1. 33b	12. 3±2. 33b
	14	17. 7±2. 40d	9. 8±0. 44bc	13. 3±0. 33c	9. 0±0. 00b
	15	30. 3±2. 30c	26. 3±0. 67c	24. 7±2. 03c	17. 3±1. 76b

注：字母 a ~ d 表明了化合物测试浓度的显著性差异。

从图 4-29 和表 4-11 可以看出，化合物 **13** 对黑曲霉和桔青霉几乎没有抑菌作用。而化合物 **14** 表现出了对黑曲霉和桔青霉较强的生长抑制，但是随着浓度的递减，抑菌圈直径出现了明显的减小，说明该化合物只有在较高的浓度下才会对黑曲霉和桔青霉的生长起到抑制作用。化合物 **15** 也表现出对黑曲霉和桔青霉较好的生长抑制，并且随着浓度的递减，抑菌效果降低不如化合物 **14** 显著。

7. 肉桂醛-苯丙氨酸席夫碱类化合物的抑真菌活性分析

化合物**16～18**对黑曲霉和桔青霉的生长抑制效果图和抑菌圈直径数据如图4-30和表4-12所示。

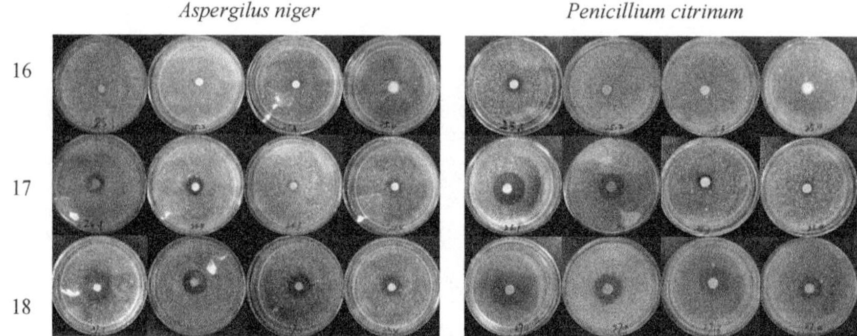

图4-30　肉桂醛-苯丙氨酸席夫碱类化合物对黑曲霉和桔青霉的生长抑制效果图
从左至右浓度依次为0.250mol/L、0.125mol/L、0.063mol/L、0.022mol/L

表4-12　肉桂醛-苯丙氨酸席夫碱类化合物对黑曲霉和桔青霉的抑菌圈直径

（单位：mm）

测试菌种	测试样品名称	测试浓度			
		0.250mol/L	0.125mol/L	0.063mol/L	0.022mol/L
黑曲霉	**16**	10.7±0.33b	9.2±0.17a	8.7±0.67a	8.0±0.00a
	17	19.0±0.58b	13.0±0.58a	10.8±0.60a	18.3±0.33b
	18	26.0±1.15c	19.7±1.86b	21.0±1.00	12.3±1.45a
桔青霉	**16**	10.7±1.67a	9.7±0.33a	8.0±0.00a	8.0±0.00a
	17	24.7±2.19c	19.7±0.33b	10.5±0.29a	14.0±2.08a
	18	35.0±0.00c	23.2±0.73b	21.0±1.00b	18.3±0.88a

注：字母a～c表明了化合物测试浓度的显著性差异。

从抑菌效果图和抑菌圈直径实验数据可以看出，化合物**17**和**18**对黑曲霉和桔青霉的生长有很强的抑制作用，尤其是对于桔青霉的生长抑制作用。这两种化合物对测试菌种的抑菌效果明显依赖于化合物的浓度。化合物**17**和化合物**18**对桔青霉的抑菌圈直径都要大于两种化合物对黑曲霉的抑菌圈直径，说明桔青霉对化合物**17**和**18**更加敏感。

8. 肉桂醛-酪氨酸席夫碱类化合物的抑真菌活性分析

化合物 **19**～**21** 对黑曲霉和桔青霉的生长抑制效果图和抑菌圈直径数据如图 4-31和表 4-13 所示。

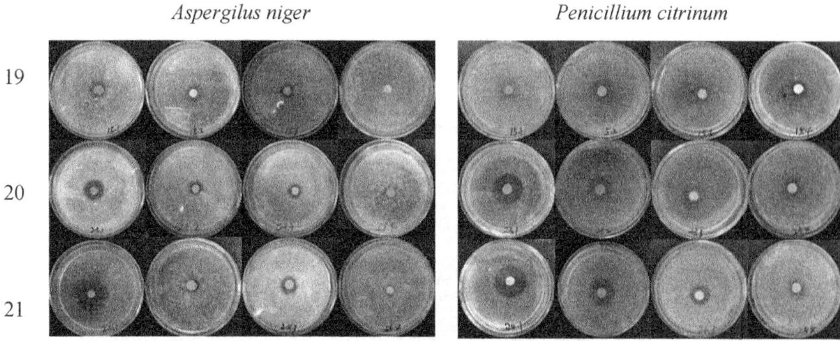

图 4-31　肉桂醛-酪氨酸席夫碱类化合物对黑曲霉和桔青霉的抑制效果图

从左至右浓度依次为 0. 250mol/L、0. 125mol/L、0. 063mol/L、0. 022mol/L

表 4-13　肉桂醛-酪氨酸席夫碱类化合物对黑曲霉和桔青霉的抑菌圈直径

（单位：mm）

测试菌种	测试样品名称	测试浓度			
		0. 250mol/L	0. 125mol/L	0. 063mol/L	0. 022mol/L
黑曲霉	**19**	12. 0±1. 00d	18. 7±0. 33c	12. 3±0. 67c	8. 0±0. 00b
	20	19. 5±0. 87d	14. 7±0. 67c	13. 8±1. 17c	10. 3±0. 33b
	21	29. 7±2. 60c	15. 7±1. 86b	15. 5±0. 50b	12. 3±0. 33b
桔青霉	**19**	12. 0±0. 00a	11. 5±0. 29a	11. 0±1. 15a	12. 3±1. 20a
	20	24. 0±1. 53c	16. 5±1. 44ab	19. 0±3. 06c	10. 8±0. 60a
	21	25. 0±2. 65b	23. 5±2. 60b	15. 7±0. 33a	11. 5±0. 29a

注：字母 a～c 表明了化合物测试浓度的显著性差异。

从图 4-31 和表 4-13 可以看出，化合物 **19**～**21** 对黑曲霉和桔青霉都有生长抑制作用，即使在最小的测试浓度下，三种化合物都表现出对黑曲霉和桔青霉的生长抑制作用。化合物 **19**～**21** 分别是酪氨酸与肉桂醛、对甲氧基肉桂醛、对氯肉桂醛合成的产物。酪氨酸与其他氨基酸不同之处在于酪氨酸本身为含有苯环的物质，这样就使得合成的产物的颜色加深。化合物 **19**～**21** 中两个苯环结构的存在是否对抑菌性能有积极的作用，会在第 5 章的定量构效关系模型中分析。

4.3.3 肉桂醛-氨基酸席夫碱化合物的抑细菌性分析

1. 肉桂醛对测试细菌的抑菌性能分析

肉桂醛和对照化合物环丙沙星对大肠杆菌和金黄色葡萄球菌的抑菌效果图和抑菌圈直径如图 4-32 和表 4-14 所示。

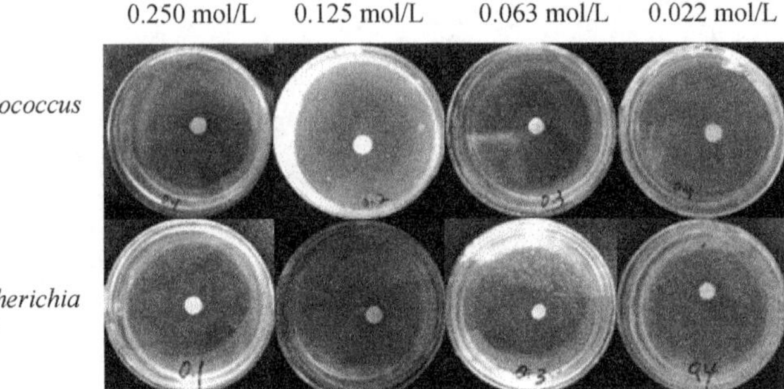

图 4-32 肉桂醛对金黄色葡萄球菌和大肠杆菌的生长抑制效果图

表 4-14 肉桂醛对大肠杆菌和金黄色葡萄球菌的抑菌圈直径（单位：mm）

测试菌种	测试样品名称	测试浓度			
		0. 250mol/L	0. 125mol/L	0. 063mol/L	0. 022mol/L
大肠杆菌	肉桂醛	29. 5±0. 5c	11. 0±0. 00b	11. 0±0. 00b	9. 83±1. 04a
	环丙沙星	24. 3±2. 89a	23. 3±4. 50a	24. 0±1. 00a	22. 83±0. 58a
金黄色葡萄球菌	肉桂醛	10. 5±1. 04b	9. 0±0. 58ab	8. 0±0. 00a	8. 0±0. 00a
	环丙沙星	21. 0±0. 58b	21. 0±0. 00b	16. 7±0. 88a	16. 0±0. 58a

注：字母 a ~ c 表明了化合物测试浓度的显著性差异。

以市售的抗细菌药物环丙沙星作为细菌抑菌性能的对照化合物。从表 4-14 可以看出，环丙沙星对大肠杆菌和金黄色葡萄球菌的生长抑制作用很强，且随着测试浓度的降低，抑菌圈直径没有出现显著的降低，说明环丙沙星的最小抑菌浓度较小。从测试效果来看，肉桂醛对大肠杆菌和金黄色葡萄球菌也具有很强的抑制作用，在测试浓度为 0. 250mol/L 时，对大肠杆菌的抑菌圈直径要大于环丙沙星的抑菌圈直径。但是随着测试浓度的降低，抑菌效果明显减弱。

2. 肉桂醛-氨基酸席夫碱类化合物的抑细菌活性分析

肉桂醛-氨基酸席夫碱化合物对测试大肠杆菌与金黄色葡萄球菌的抑菌圈直

径数据统计见表 4-15 和表 4-16。

表 4-15　肉桂醛-氨基酸席夫碱化合物对大肠杆菌的抑菌圈直径

（单位：mm）

测试样品名称	测试浓度			
	0. 250mol/L	0. 125mol/L	0. 063mol/L	0. 022mol/L
1	26. 0±2. 00c	15. 0±1. 73b	8. 0±0. 00a	8. 0±0. 00a
2	18. 7±2. 67b	11. 7±0. 88a	11. 3±0. 33a	8. 0±0. 00a
3	18. 3±1. 88b	17. 3±1. 76b	12. 0±0. 29a	15. 7±1. 2ab
4	9. 3±0. 17b	8. 0±0. 00a	8. 0±0. 00a	8. 0±0. 00a
5	13. 5±0. 00b	8. 0±0. 00a	8. 0±0. 00a	8. 0±0. 00a
6	22. 8±0. 44c	18. 2±0. 17a	21. 7±1. 86bc	19. 3±0. 67ab
7	9. 0±0. 50b	8. 0±0. 00a	11. 0±0. 00a	8. 0±0. 00a
8	9. 0±0. 00b	8. 0±0. 00b	12. 0±0. 00a	8. 0±0. 00a
9	20. 5±0. 76b	15. 3±1. 20b	11. 0±0. 00a	12. 0±0. 76a
10	8. 0±0. 00	8. 0±0. 00	8. 2±0. 17	8. 0±0. 00
11	10. 8±0. 43a	8. 0±0. 00a	8. 0±0. 00a	9. 7±0. 88a
12	28. 3±0. 33b	11. 0±1. 53a	16. 8±2. 05a	8. 7±0. 33a
13	11. 0±0. 00	8. 0±0. 00	8. 0±0. 00	8. 0±0. 00
14	16. 3±1. 45b	8. 0±0. 00a	10. 0±0. 57a	8. 0±0. 00a
15	12. 2±1. 01a	12. 5±1. 61a	11. 5±1. 15a	12. 0±0. 58a
16	8. 0±0. 00	8. 0±0. 00	8. 0±0. 00	8. 0±0. 00
17	12. 3±0. 33b	13. 8±1. 45b	8. 0±0. 00a	13. 2±0. 83b
18	19. 5±0. 87b	26. 0±2. 08c	19. 0±0. 58b	9. 2±0. 17a
19	31. 3±2. 60	19. 5±2. 18b	8. 0±0. 00a	12. 0±0. 00a
20	18. 0±0. 00c	12. 3±1. 86b	8. 3±0. 17a	12. 0±0. 00b
21	18. 0±0. 01c	12. 0±0. 76a	15. 7±1. 20bc	13. 7±0. 88ab

注：字母 a ~ c 表明了化合物测试浓度的显著性差异。

表 4-16　肉桂醛-氨基酸席夫碱化合物对金黄色葡萄球菌的抑菌圈直径

（单位：mm）

测试样品名称	测试浓度			
	0. 250mol/L	0. 125mol/L	0. 063mol/L	0. 022mol/L
1	19. 7±3. 18b	8. 2±0. 17a	8. 0±0. 00a	8. 0±0. 00a
2	8. 3±0. 33a	8. 0±0. 00a	8. 3±0. 33a	8. 0±0. 00a
3	31. 0±1. 73c	20. 0±0. 00b	10. 5±0. 58a	8. 3±0. 33a
4	11. 7±0. 33b	8. 0±0. 00a	8. 0±0. 00a	8. 0±0. 00a
5	8. 7±0. 67a	8. 0±0. 00a	9. 0±0. 00a	8. 0±0. 00a
6	22. 2±1. 09b	9. 7±0. 88a	8. 0±0. 00a	12. 3±2. 33a
7	8. 0±0. 00a	8. 0±0. 00a	8. 0±0. 00a	8. 0±0. 00a
8	9. 0±1. 00b	8. 0±0. 00a	8. 0±0. 00a	8. 0±0. 00a
9	33. 0±1. 53c	15. 3±1. 86a	13. 5±1. 15b	11. 0±2. 29a
10	10. 0±0. 76b	8. 3±0. 33a	8. 0±0. 00c	8. 0±0. 00a
11	13. 0±0. 29	14. 0±0. 58	9. 3±0. 72	8. 0±0. 00
12	17. 0±1. 73	17. 8±0. 44b	10. 0±0. 58a	9. 3±0. 33a
13	8. 0±0. 00	8. 0±0. 00	8. 0±0. 00	8. 0±0. 00
14	12. 7±1. 17b	8. 7±0. 33a	8. 0±0. 00a	8. 0±0. 00a
15	33. 7±2. 03b	33. 5±1. 26b	10. 5±0. 76a	8. 7±0. 67a
16	11. 0±0. 58b	8. 0±0. 00a	8. 0±0. 00a	10. 0±0. 58b
17	12. 0±0. 87b	8. 3±0. 33a	8. 0±0. 00a	8. 0±0. 00a
18	33. 0±1. 76b	29. 0±0. 58b	13. 3±2. 40a	9. 0±0. 00a
19	14. 2±0. 44c	11. 5±1. 04b	8. 0±0. 00a	8. 0±0. 00a
20	8. 5±0. 00a	8. 7±0. 67a	8. 0±0. 00a	8. 0±0. 00a
21	19. 3±3. 71b	12. 7±0. 33ab	11. 7±1. 67a	9. 7±0. 88a

注：字母 a ~ c 表明了化合物测试浓度的显著性差异。

从表 4-15 与表 4-16 可以看出，21 种肉桂醛-氨基酸席夫碱化合物都表现出优异的抗细菌性能，对测试菌种大肠杆菌和金黄色葡萄球菌的生长有明显的抑制作用。化合物 **1** 对大肠杆菌的抑菌效果要好于在同浓度下的抗菌药物环丙沙星，为化合物开发成为细菌抑制剂提供了可能。同时化合物 **9** 对金黄色葡萄球菌的生长有很强的抑制作用,抑菌圈直径可以达到(33. 0±1. 53)mm。化合物 **1**~**3** 是谷氨酸分别与肉桂醛、对甲氧基肉桂醛、对氯肉桂醛的合成产物,而谷氨酸与其他氨基酸原料的差别在与谷氨酸含有两个羧基。对比肉桂醛-谷氨酸席夫碱和其他肉桂醛-氨基酸席夫碱抑菌性能发现,氨基酸上羧基数目的增加提升了该类化合物对大肠杆菌和金黄色葡萄球菌的生长抑制作用。

在所有测试化合物中,化合物 **15** 表现出对金黄色葡萄球菌最强的生长抑制,抑菌圈直径达到了(33. 7±2. 03)mm,远远大于同浓度下抗菌药物环丙沙星和肉桂醛的抑菌圈直径。从上述结果分析看,产物苯环上的取代基的不同使得该化合物对细菌生长的抑制作用有较大差异。结合表4-15 与表4-16 可以看出,发现测试的两种细菌的生长对苯环上卤素(氯原子)非常敏感。例如化合物 **6**、**9**、**12** 等,其对细菌的抑制能力都强于同等结构下苯环上无取代的化合物。

然而,肉桂醛-氨基酸类化合物含有苯环的数量与取代基之间没有出现协同增强抑菌效果的现象。例如苯丙氨酸是含有苯环的氨基酸,反应生成的肉桂醛-氨基酸席夫碱化合物是化合物 **16**~**18**,其结构中含有两个苯环结构。尤其是化合物 **16** 和 **17** 的抗菌性与其他化合物相比并没有明显的差异。

酪氨酸是含有苯环和酚羟基的氨基酸,在与肉桂醛发生反应的过程中,酪氨酸上的酚羟基与 KOH 发生反应,所以产物中含有两个离子键。这样的效果类似与氨基酸中含有两个羧基的情况,从上述分析发现,抑菌圈直径数据出现了类似的情况,从结构上讲即是含有两个离子键的产物其抑菌活性都很好,但是都没有体现出苯环取代基对抑菌性能的影响。这或许是因为不同结构因素对化合物抑菌性能的影响强度存在差异。详细的结构和活性之间的关系会在第 5 章的定量构效关系的研究中阐述。

4. 3. 4　肉桂醛-氨基酸席夫碱化合物的广谱抗菌性研究

在所有化合物测试了对黑曲霉、桔青霉、大肠杆菌、金黄色葡萄球菌的抑菌性能后发现,新合成的肉桂醛-氨基酸席夫碱类化合物对测试的真菌和细菌都具有抑菌作用。进一步探究了该类化合物的广谱抑菌性能。在原有测试菌种的基础上扩大了测试菌种范围来探究肉桂醛-氨基酸席夫碱化合物的广谱抑菌性能。所有的测试菌种包括细菌中的革兰氏阴性菌:大肠杆菌;革兰氏阳性菌:枯草芽孢杆菌、金黄色葡萄球菌;真菌包括霉菌类:黑曲霉、桔青霉、土曲霉;还有彩绒革盖菌、酵母菌、密粘褶菌等真菌。滤纸片法抑菌实验可以直观地表达测试药物对微生物生长的抑制作用,测试化合物对黑曲霉、桔青霉、大肠杆菌和金黄色葡萄球菌的抑菌圈直径在前面已经列出,对剩余菌种的抑菌性能测试结果如表 4-17 所示。

表 4-17　肉桂醛-氨基酸席夫碱类化合物的广谱抑菌性能测试

（单位：mm）

化合物序号	彩绒革盖菌 (*Trametes versicolor*)	酵母菌 (*Saccharo mycetes*)	土曲霉 (*Aspergillus terreus*)	密粘褶菌 (*Gloeophyllum trabeum*)	枯草芽孢杆菌 (*Bacillus subtilis*)
1	20. 3±0. 67	27. 7±1. 45	13. 7±2. 03	39. 8±1. 01	25. 3±1. 33
2	25. 3±0. 17	31. 0±0. 29	19. 5±1. 26	40. 8±1. 09	22. 3±1. 45
3	37. 0±1. 53	37. 0±3. 78	24. 2±0. 73	46. 5±0. 87	24. 0±0. 58
4	26. 3±2. 16	25. 5±0. 58	26. 7±5. 21	33. 2±1. 88	20. 0±1. 0
7	26. 5±0. 97	28. 8±1. 59	24. 8±2. 05	35. 3±1. 45	26. 0±2. 31
10	23. 7±0. 33	27. 5±2. 02	28. 3±5. 46	29. 2±0. 44	12. 2±3. 88
16	21. 7±0. 88	12. 2±0. 73	18. 3±1. 20	26. 5±0. 87	13. 7±1. 76
19	25. 3±0. 17	20. 7±1. 45	19. 0±0. 58	30. 8±0. 60	30. 8±2. 49
CA	44. 7±2. 60	26. 0±2. 08	47±2. 65	52. 7±1. 45	36. 0±2. 08
FLZ	9. 8±0. 33	32. 5±1. 44	25. 7±1. 20	12. 2±0. 73	—
CIP	—	—	—	—	18. 5±0. 44

对于测试广谱抑菌性能的 8 种化合物，化学结构涵盖了苯环上不同的取代基（甲氧基、卤素）、氨基酸上羧基的数目，碳链的长短。从表 4-17 可知，在测试浓度为 0. 125 mol/L 的条件下，新合成的化合物对所测试的 5 种微生物的生长都有明显的抑制作用，观察到了较大的抑菌圈。肉桂醛-氨基酸席夫碱化合物不仅对霉菌（黑曲霉、桔青霉、土曲霉）的生长抑制，对木腐菌和酵母菌的生长也表现出了抑制作用。在同样的测试条件下，抗真菌药物氟康唑的抗真菌性则表现出一定的选择性，对彩绒革盖菌、密粘褶菌这样的木腐菌的生长抑制作用较弱。

从表 4-17 和前面的描述可知，肉桂醛-氨基酸席夫碱化合物对所测试的革兰氏阴性菌（大肠杆菌）和革兰氏阳性菌（枯草芽孢杆菌、金黄色葡萄球菌）都有较好的生长抑制作用。从表 4-15 至表 4-16 中列出的对细菌生长的抑菌圈直径来看，所有的化合物对两种细菌的生长有明显抑制作用。与该部分研究的肉桂醛-乙二胺席夫碱（*N*,*N*-二苄基-1,2-乙二胺）相比较，肉桂醛-氨基酸类席夫碱类化合物具有更好的抑菌活性，且具有非常好的水溶性。

对比所有肉桂醛-氨基酸席夫碱化合物的抑真菌性和抑细菌性能，发现该类化合物对真菌的生长抑制能力更强，这可能与母体化合物肉桂醛有关，肉桂醛是从肉桂树的树皮、枝和叶中提取出来,也是肉桂树防腐的原因。根据研究发现,肉桂醛本身抗真菌性能优于抗细菌性[71]。

对化合物的抑菌性能分析发现,该类化合物的抗菌性能和其化学结构有明显的关系。例如肉桂醛一侧苯环上不同的取代基、氨基酸的链长、氨基酸羧基数量等都不同程度地影响了该类化合物的抑菌活性。而这些初步的分析结果也与一些文献报道的研究结果一致[110]。例如 Oida 等[111]研究关于苯三唑的衍生物时发现,一个吸电子取代基对该类化合物的抑真菌作用有积极的促进作用。

综上所述,肉桂醛-氨基酸席夫碱化合物具有广谱抑菌性能,且明显减弱了肉桂醛在应用过程中存在的挥发性大、刺激性气味、水不溶等缺点。在研究过程中发现,该类化合物还具有其他优异的特点,例如水溶性好、安全性高等,在食品安全和抑真菌剂方面非常有应用潜力。

第 5 章　肉桂醛-氨基酸席夫碱类化合物的定量构效关系

活性分子化学结构和活性之间关系的研究是近几十年随着计算机技术和量子化学方法的不断发展才发展起来的。定量构效关系是在分子水平上研究化合物的化学结构及其表现出的生物活性等其他性质之间的关系,并采用数学统计的方法找寻规律建立模型,并用数学形式表达出来,也就是数学方程。定量构效关系研究方法融合了有机化学、结构化学、量子化学、物理化学、生物化学、统计学和计算机科学等诸多学科的知识和研究方法,其目的就是建立起可以利用的关系模型指导新化合物的设计,并预测未知化合物的生物活性。定量构效关系模型的建立必须依赖某一类化合物的结构和对应的某种性质,例如抑菌性能、抗氧化性能、抗肿瘤性能等。

作者在多种肉桂醛-氨基酸席夫碱化合物抑菌性能研究中发现,该类化合物不仅对黑曲霉、桔青霉等真菌有明显的抑制能力,对大肠杆菌、金黄色葡萄球菌这样的细菌亦具有抑制其生长的作用,进一步的广谱抑菌性研究发现,该类化合物确实具有良好的广谱抑菌性能。根据对抑菌数据的初步分析,21 种肉桂醛-氨基酸席夫碱化合物的抑菌性能存在显著差异,不同的化合物结构,其抑菌性能表现不一。本章以肉桂醛-氨基酸席夫碱化合物的抑菌性能数据和化学结构为基础,采用定量构效关系研究方法探讨肉桂醛-氨基酸席夫碱化合物对测试真菌和细菌的抑菌性能和化合物结构之间的关系,并建立最佳模型。通过研究最佳模型来详细探讨肉桂醛-氨基酸席夫碱化合物的抗菌活性及其化合物化学结构之间的关系。

5.1　建立定量构效关系模型

5.1.1　样本的选择

定量构效关系研究中样本的选择为 21 种肉桂醛-氨基酸席夫碱类化合物,如图 5-1 所示。这些化合物是由肉桂醛、对甲氧基肉桂醛、对氯肉桂醛和市售的各种氨基酸为原料(谷氨酸、甘氨酸、亮氨酸、缬氨酸、丙氨酸、苯丙氨酸和酪氨酸)合成的。样本结构涉及苯环的取代基、氨基酸中羧基数目、氨基酸碳链长度等的变化。

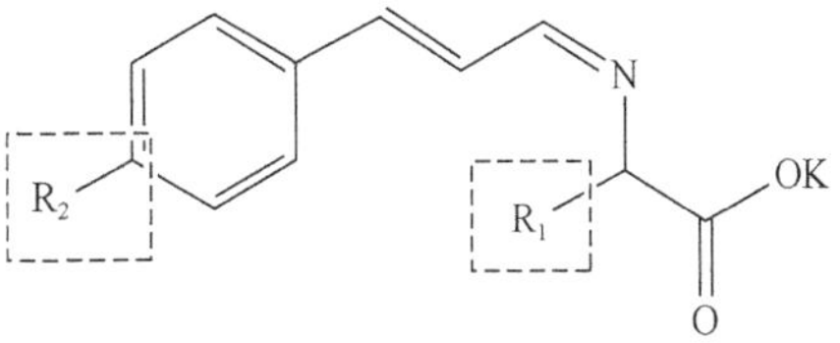

图 5-1　肉桂醛–氨基酸席夫碱化合物的基本结构

5.1.2　化合物抑菌率(AR)的计算

所有化合物的抑真菌活性率用 AR(antimicrobal activity rate)表示：

$$AR = (d/d_0) \times 100\% \tag{5-1}$$

式中，d 为测试化合物在一定浓度下的抑菌圈直径的平均值，d_0是对照化合物氟康唑和环丙沙星在相同测试条件下的抑菌圈直径。氟康唑为真菌对照，环丙沙星为细菌对照。

在定量构效关系模型的研究中，化合物测试浓度为 0.125mol/L，氟康唑对黑曲霉和桔青霉的抑菌圈直径分别为 18.7mm 和 13.0mm，环丙沙星对大肠杆菌和金黄色葡萄球菌的抑菌圈直径分别为 23.3mm 和 21mm。本章中，lgAR 用于定量构效关系的计算。

5.1.3　化合物分子的结构优化

首先用 Chembio 3D 或 Gauss view 05 画出化合物的分子结构图，并对结构进行初步的优化，初步优化结束的结构图保存为 .mol 格式文件。其次将 .mol 格式文件导入 AMPAC AGUI 软件，再次对化合物分子结构进行优化，得到 CODESSA 软件可以使用的 .dat 和 .out 格式文件。

5.1.4　化合物结构描述符的计算

肉桂醛–氨基酸席夫碱化合物结构描述符的计算与第 3 章中提到的方法一致。将每个化合物优化后的结构文件路径和化合物对应的抗菌性能值整合到一个文件中，将该文件导入到 CODESSA 软件中，计算各个化合物分子的结构描述符。

采用 CODESSA 软件的多元线性回归的方式计算定量构效关系模型。软件计算可得出一系列的结构描述符和化合物抑菌性能之间的关系模型。线性模型的变量为化合物的结构描述符，结构描述符的个数越多，模型的相关性系数(R^2)越高，代表了模型能够更好地表达出化合物结构和抑菌性能之间的关系。但是过多的描述符增加了对模型解释的工作，需根据样本的大小和模型相关性系数综合考量确定最佳定量构效关系模型。

5.2　最佳定量构效关系模型的建立

5.2.1　对黑曲霉的最佳定量构效关系模型的确定

1. 最优定量构效关系模型的建立

通过 CODESSA 软件计算得到了一系列肉桂醛-氨基酸席夫碱化合物对黑曲霉的定量构效关系模型。模型是否能够充分地表达肉桂醛类化合物结构及其生物活性之间的关系取决于模型的影响参数的个数,也就是描述符的个数。随着描述符个数的增加,模型越具有统计意义。但是过多的模型影响因素的摄入不利于后期对模型的分析和利用,所以需要从诸多的模型中选出最优模型。本书中最优模型是通过转折点法确定。如图 5-2 所示,通过分析计算获得一系列模型描述符个数和对应模型的相关性系数的关系来找到转折点。

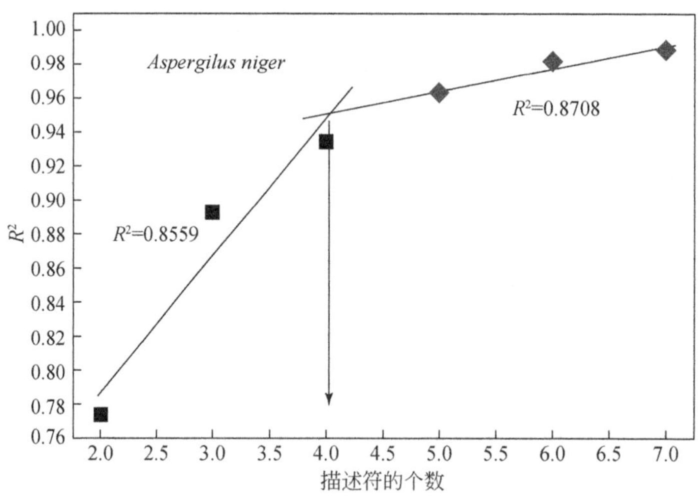

图 5-2　转折点法确定定量构效关系描述符的个数(黑曲霉)

在图 5-2 中,随着描述符个数的增加,对应模型的相关性系数大幅度增加直至描述符个数达到 4 时,描述符个数达到 4 个以后,模型相关性系数随着描述符个数增加的程度变得缓慢,所以描述符个数为 4 的这一点就是转折点。同时采用多元线性回归计算得出模型的描述符的个数必须满足以下要求:

$$N \geqslant 3(D+1) \tag{5-2}$$

式中,N 是该研究中涉及的样品数,$N=21$;D 是最优描述符的个数。

根据转折点法和以上规则,肉桂醛类似物对黑曲霉的最佳定量构效关系模型的描述符个数为 4 个。4 个描述符的数值列于表 5-1。4 个描述符对应的最佳模型和统计数据列于表 5-2。

表 5-1　肉桂醛席夫碱化合物对黑曲霉的抑菌率和结构描述符

序号	取代基 R_1	取代基 R_2	抑菌率 AR	lgAR	polarity parameter/ square distance, D_1	relative negative charge, D_2	ESP-HA dependent HDCA-1, D_3	max total interaction for a C—O bond, D_4
1	$—(CH_2)_2COOK$	—H	121.41	2.0842	5.0339×10^{-3}	0.1595	6.0067	26.8560
2	$—(CH_2)_2COOK$	-*p*—OCH_3	108.73	2.0364	2.7696×10^{-3}	0.2546	6.4464	26.8830
3	$—(CH_2)_2COOK$	-*p*—Cl	124.80	2.0962	2.1257×10^{-3}	0.1624	5.2253	26.8680
4	—H	—H	46.60	1.6684	0.1249	0.2283	4.8810	26.8550
5	—H	-*p*—OCH_3	94.80	1.9768	2.3127×10^{-3}	0.3476	3.2558	26.8640
6	—H	-*p*—Cl	123.19	2.0906	1.6089×10^{-3}	0.2337	3.5317	26.8760
7	$—CH_3$	—H	44.62	1.6495	0.1249	0.2189	3.8374	26.8200
8	$—CH_3$	-*p*—OCH_3	56.24	1.7500	2.5943×10^{-3}	0.3363	5.5555	26.8410
9	$—CH_3$	-*p*—Cl	132.30	2.1216	1.7586×10^{-3}	0.2246	4.3831	26.8550
10	$CH_2CH(CH_3)_2$	—H	52.49	1.7201	0.1249	0.1726	5.1551	26.8560
11	$CH_2CH(CH_3)_2$	-*p*—OCH_3	85.70	1.9330	2.8601×10^{-3}	0.2791	5.1706	26.8210
12	$CH_2CH(CH)_{32}$	-*p*—Cl	110.87	2.0448	1.9326×10^{-3}	0.1805	5.4321	26.8270
13	$—CH(CH_3)_2$	—H	65.88	1.8188	0.1250	0.1943	3.9828	26.8430
14	$—CH(CH_3)_2$	-*p*—OCH_3	71.24	1.8527	3.0117×10^{-3}	0.3069	5.8446	26.8390
15	$—CH(CH_3)_2$	-*p*—Cl	128.55	2.1091	2.0303×10^{-3}	0.2016	3.5952	26.8300
16	$—CH_2Ar-OH$	—H	100.16	2.0007	4.2908×10^{-3}	0.2203	8.1783	26.8180
17	$—CH_2Ar-OH$	-*p*—OCH_3	78.74	1.8962	3.8575×10^{-3}	0.2668	9.9386	26.7910
18	$—CH_2Ar-OH$	-*p*—Cl	83.93	1.9239	4.2916×10^{-3}	0.2072	10.8962	26.8320
19	$—CH_2Ar$	—H	49.28	1.6926	0.1251	0.1791	5.2440	26.8050
20	$—CH_2Ar$	-*p*—OCH_3	69.63	1.8428	2.6664×10^{-3}	0.2879	5.6060	26.8070
21	$—CH_2Ar$	-*p*—Cl	105.52	2.0233	1.9517×10^{-3}	0.1871	5.7111	26.8080

表 5-2　黑曲霉对应的有 4 个结构描述符的最佳 QSAR 模型($R^2=0.9346$, $F=57.20$, $s^2=0.0020$)

描述符编号	回归系数 X	回归系数的标准偏差 ΔX	t 检验值	描述符的名称
0	-3.2190×10^{1}	1.0892×10^{1}	-2.9555	intercept
1	-2.9745	2.1076×10^{-1}	-14.1132	polarity parameter/square distance, D_1
2	-1.5306	1.9735×10^{-1}	-7.7556	relative negative charge (QMNEG QTMINUS), D_2
3	-3.2064×10^{-2}	7.8686×10^{-3}	-4.0749	ESP- HA dependent HDCA- 1 [Quantum-Chemical], D_3
4	-1.2940	4.0540×10^{-1}	3.1918	max total interaction for a C—O bond, D_4

根据以上最佳定量构效关系模型的统计数据,最优模型可以用多元线性方程表示,如式(5-3)所示。在式(5-3)中,描述符 $D_1\sim D_4$为自变量(描述符)。lgAR 为因变量,也是每个化合物对应的模型的计算值(lgAR 计算值)。

$$\begin{aligned}\mathrm{lgAR}_{A.n}=&-(3.2190\pm1.0892)\times10^{1}-(2.9745\pm2.1076\times10^{-1})\times D_1\\&-(1.5306\pm1.9735\times10^{-1})\times D_2-(3.2064\times10^{-2}\pm7.8686\times10^{-3})\times D_3\\&+(1.2940\pm4.0540\times10^{-1})\times D_4\end{aligned}\tag{5-3}$$

对于每个肉桂醛-氨基酸席夫碱化合物,预测活性值(lgAR 计算值)可以通过式(5-3)计算得到。每个肉桂醛-氨基酸席夫碱化合物的实验值和计算值之间的关系呈现在图 5-3 中,计算值和实验值的关系拟合为一条线 $y=x$,该线的 R^2 为 0.9301。这表明以上选择对肉桂醛-氨基酸席夫碱对黑曲霉的定量构效关系模型具有很好的预测能力。

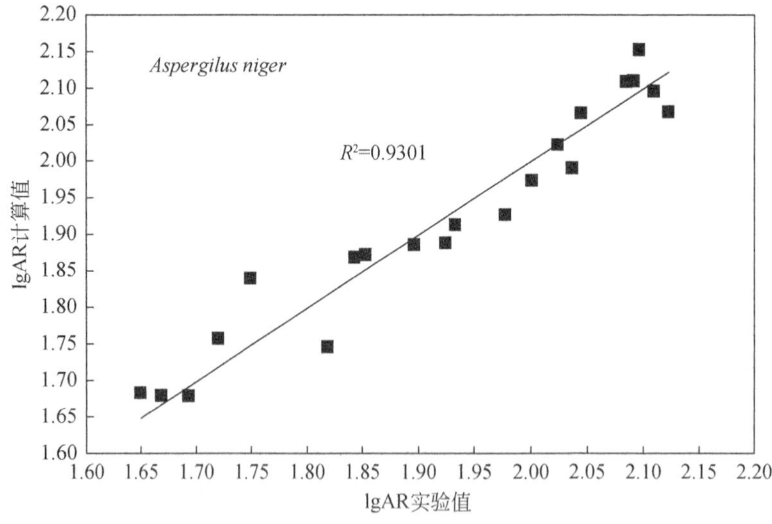

图 5-3　实验值和最佳模型计算出来的活性值的关系(黑曲霉)

2. 最佳定量构效关系模型的检验

计算得到的肉桂醛-氨基酸席夫碱化合物对黑曲霉的最佳定量构效关系模型通过两种验证方法(内部验证法和留一法)来验证该模型的稳定性和预测能力。验证结果如表 5-3 所示。从表 5-3 可以看出,样本分组验证结果都很好,验证得到的统计数据平均值和最佳模型相接近,从而证明最佳模型具有很好的稳定性。

表 5-3　QSAR 模型的内部检验(黑曲霉)

训练集	个数 N	相关性系数 R^2(fit)	Fisher 值 F(fit)	标准偏差 s^2(fit)	测试集	个数 N	相关性系数 R^2(pred)	Fisher 值 F(pred)	标准偏差 s^2(pred)
a+b	14	0.9410	35.88	0.0023	c	7	0.8692	39.84	0.0207
a+c	14	0.9678	67.68	0.0013	b	7	0.8629	37.75	0.0281
b+c	14	0.9367	33.31	0.0020	a	7	0.9283	77.73	0.019
平均值	14	0.9485	45.62	0.0019	平均值	7	0.8868	51.77	0.0226
D	16	0.9509	53.21	0.0016	d	5	0.8770	28.53	0.0252

3. 黑曲霉几个影响活性的结构描述符

根据建立的最优的定量构效关系模型,影响肉桂醛化合物对黑曲霉定量构效关系模型的结构描述符有四个,列于表 5-2,最具有统计意义的描述符是极性参数(polarity parameter/square distance, D_1),这是一个静电描述符,定义为分子中原子最正和最负电荷差值与其间距离平方的比值[112]。其定义见式(5-4):

$$P''=\frac{Q_{max}-Q_{min}}{R_{mm}^2} \tag{5-4}$$

式中,Q_{min}和 Q_{max}是分子中最正和最负原子部分电荷。R_{mm}是分子中最正和最负原子部分电荷间的距离。一个化合物的极性参数反映了该化合物的极性和分子电荷的分布情况[113]。

具有适当极性的化合物可以顺利渗透到真菌细胞的细胞壁和细胞质与活性位点相互作用,从而起到杀菌或抑制真菌的生长。从表 5-1 关于肉桂醛化合物的结构描述符的数值可以看出,当肉桂醛席夫碱化合物的结构发生变化时,极性参数 P'' 也明显变化,这样的变化可以统计为一个简单的规律,当甲氧基引入肉桂醛苯环上时,甲氧基这个吸电子基团明显地改变了肉桂醛一侧电荷的分布,使得分子最负电荷值降低,从而导致了极性参数值的降低。根据定量构效关系模型,极性参数对化合物的抑黑曲霉性能起到负相关作用。例如化合物 **7** 和 **8** 相比较,化合物 **7** 的极性参数是 0.1249,当化合物 **7** 苯环上引入甲氧基时,化合物 **8** 的极性参数明显的降低为 2.5943×10^{-3}。这样的变化就是由于甲氧基这个吸电子基团引起了化合物分子中电荷分布的变化，利用高斯软件，计算了化合物 **7** 和化合物 **8** 的电荷分布并得到了其电荷分布示意图（图 5-4）。图 5-4 中，从深色到浅色依次为最负到最正电荷的指示。可以看出，甲氧基的引入后，使得苯环一侧深色分布明显增多。

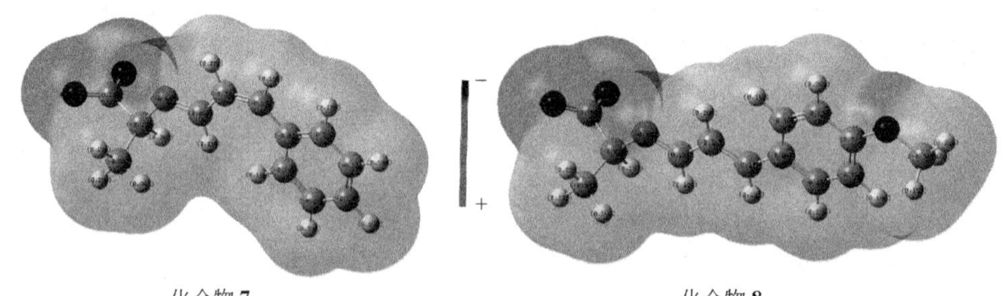

图 5-4　化合物 **7** 和 **8** 的分子电荷分布图，由高斯 09 计算得出
（计算方法：Optimization，ground state，DFT，B3LYP，6-31G）

第二个描述符是相对负电荷（relative negtive charge，RNCG）（D_2），它是一个量子化学描述符。相对负电荷（D_2）定义为最负电荷比重所有负电荷，如式（5-5）所示[114]：

$$\text{RNCG}=\frac{Q^-_{\max}}{Q^-} \tag{5-5}$$

式中，$Q_{\max}$是最负电荷，Q^-是全部负电荷。如表 5-1 所示，相对负电荷和肉桂醛衍生物对黑曲霉的定量构效关系模型呈负相关。例如化合物 **2**、**5**、**8**、**11**、**14**、**17** 和 **20** 肉桂醛一侧的苯环上带有吸电子基团甲氧基，和不带苯环的化合物相比，甲氧基导致了结构描述符 RNCG 的明显增加。相反，一个吸电子基团可能导致 RNCG 降低，例如氯原子的引入可能降低肉桂醛类化合物的相对负电荷，这是因为氯原子这样的吸电子基团也改变了肉桂醛类化合物的分子的电荷分布。例如化合物 **2** 和 **3**，其结构上唯一的区别就是苯环上对位取代基的不同。化合物 **2** 的对位取代是甲氧基，化合物 **3** 的对位取代是氯原子。这些取代基的差别都导致了化合物 **2** 的结构描述符 D_2 比化合物 **3** 更低。采用高斯软件计算化合物 **2** 和 **3** 最优结构的电荷分布可以解释这种变化。在图 5-5 中，化合物 **2** 中最低负电荷出现在氧原子上为−0.573，当化合物 **2** 中苯环的取代基换为氯原子，变成化合物 **3**，最负电荷不再是苯环一侧，而是氨基酸一侧的氧原子上为−0.565。

第三个重要的描述符是 ESP-HA dependent HDCA-1，D_3[115]，这是一个量子化学描述符。该描述符代表了肉桂醛类化合物氢键的供体能力[116]。当这个描述符的数值增加的时候，肉桂醛类化合物更加容易形成氢键。从式（5-3）可以看出，该描述符具有一个负的相关性系数，这也就表明氢键的形成对肉桂醛−氨基酸类化合

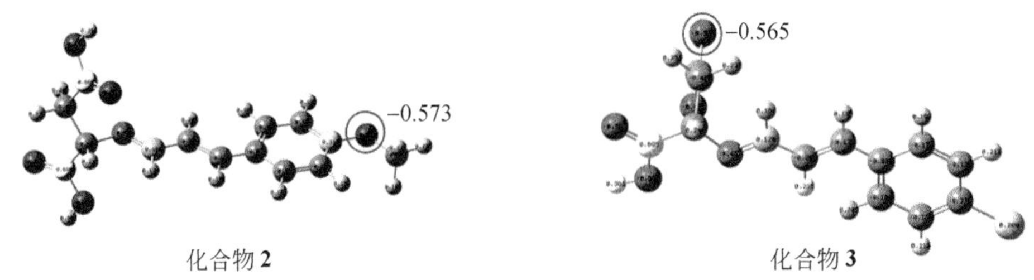

图 5-5　化合物 **2** 和 **3** 的电荷分布(深色代表负电荷,浅色代表正电荷)

物的抗真菌性能起到阻碍的作用[117]。

最后一个描述符是碳氧键的最大总的相互作用(max total interaction for a C—O bond, D_4),这是一个半经验描述符用于测量两个原子之间键的强度[118]。该描述符带有一个正的相关性系数,表明 C—O 键的强度对肉桂醛衍生物抗黑曲霉有积极的促进作用。

5.2.2　对桔青霉的最佳定量构效关系模型的确定

1. 最优定量构效关系模型的建立

采用同样的转折点法确定肉桂醛类化合物对桔青霉的最佳定量构效关系模型,如图 5-6 所示。在图 5-6 中,随着描述符个数的增加,对应模型的统计系数 R^2 大幅度增加,当描述符个数超过 5 以后,桔青霉相关的描述符统计系数 R^2 增加变得很缓慢,所以该图中转折点在 4 ~ 5 之间的某一点。从图 5-6 中可以看出,两条拟合线相交于 4 ~ 5 之间,更加接近于 4。再根据多元线性回归对最佳模型描述符个数的限制[式(5-2)],确定了肉桂醛-氨基酸席夫碱化合物对桔青霉的最佳定量构效关系模型为含有四个描述符的模型。

肉桂醛-氨基酸席夫碱化合物对桔青霉的最优定量构效关系模型用多元线性方程表达出来,如式(5-6):

$$
\begin{aligned}
\lg AR_{P.c} = & -(7.2473 \pm 6.1451) \times 10^{-1} + (4.3411 \pm 3.1123 \times 10^{-1}) \times D_5 \\
& + (3.0016 \times 10^{1} \pm 3.9781) \times D_6 - (2.1543 \times 10^{-3} \pm 3.2208 \times 10^{-4}) \times D_7 \\
& + (8.7623 \pm 1.8233) \times 10^{1} \times D_8
\end{aligned}
\tag{5-6}
$$

每个肉桂醛-氨基酸席夫碱化合物生物活性都可以根据建立的最优模型计算得到,通过比较每个化合物模型的计算值和实际实验得到的实验值来说明模型的预测能力如何(表 5-4、表 5-5)。在关于桔青霉的定量构效关系模型中,每个化合物的计算值和预测值两者之间的关系经过线性拟合如图 5-7 所示,从图 5-7 可以看出,所有化合物的计算值和预测值拟合在了 $y=x$ 这条直线上,且拟合系数非常高为 $R^2=0.9572$。这说明每个化合物的预测值都非常接近实验值,从而反映了模型

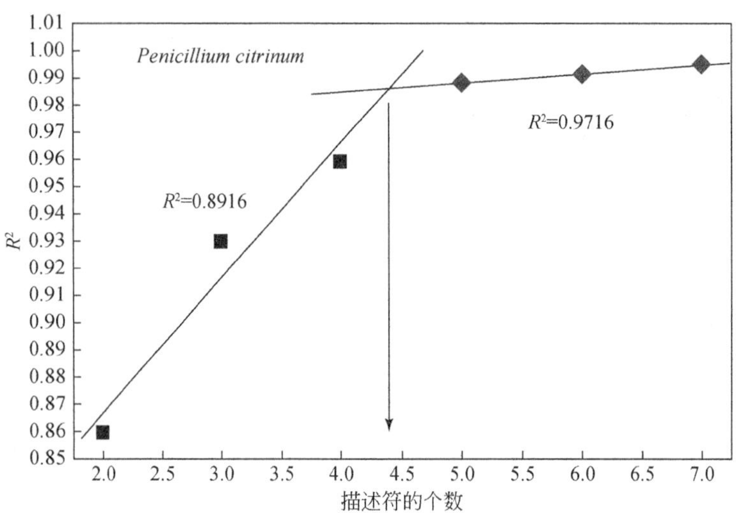

图 5-6　转折点法确定定量构效关系描述符的个数(桔青霉)

具有很好的预测能力,也非常贴切地表达了肉桂醛-氨基酸席夫碱化合物的化学结构和对桔青霉的抑菌性能的关系。

表 5-4　肉桂醛类化合物对桔青霉的抑菌率和结构描述符

序号	取代基 R1	取代基 R2	抑菌率 AR	lgAR	max atomic orbital electronic population, D_5	max electroph react index for a C atom, D_6	PNSA-2 total charge weighted PNSA, D_7	max 1-electron react index for a O atom, D_8
1	$—(CH_2)_2COOK$	—H	195.08	2.2902	1.9133	0.0229	-198.7038	3.5114×10^{-4}
2	$—(CH_2)_2COOK$	$-p—OCH_3$	195.08	2.2902	1.9133	0.0267	-196.8914	1.2945×10^{-4}
3	$—(CH_2)_2COOK$	-p—Cl	188.69	2.2758	1.9819	0.0177	-197.1382	-3.0860×10^{-7}
4	—H	—H	79.58	1.9008	1.9089	0.0204	-101.4046	1.0495×10^{-5}
5	—H	$-p—OCH_3$	89.85	1.9535	1.9089	0.0199	-130.0808	1.0946×10^{-5}
6	—H	-p—Cl	164.31	2.2157	1.9919	0.0189	-127.9426	1.1607×10^{-6}
7	$—CH_3$	—H	80.87	1.9078	1.9095	0.0214	-88.7516	-3.2397×10^{-8}
8	$—CH_3$	$-p—OCH_3$	80.87	1.9078	1.9095	0.0206	-119.6568	-1.1939×10^{-16}
9	$—CH_3$	-p—Cl	207.92	2.3179	1.9819	0.0222	-126.2349	-1.0264×10^{-16}
10	$CH_2CH(CH_3)_2$	—H	71.88	1.8566	1.9088	0.0186	-125.6587	1.4595×10^{-5}
11	$CH_2CH(CH_3)_2$	$-p—OCH_3$	92.42	1.9658	1.9088	0.0199	-156.3959	-9.8043×10^{-5}
12	$CH_2CH(CH_3)_2$	-p—Cl	197.65	2.2959	1.9819	0.0179	-165.1279	-4.5030×10^{-6}
13	$—CH(CH_3)_2$	—H	74.44	1.8718	1.9095	0.0213	-92.5453	1.5018×10^{-7}

续表

序号	取代基 R1	取代基 R2	抑菌率 AR	lgAR	max atomic orbital electronic population, D_5	max electroph react index for a C atom, D_6	PNSA-2 total charge weighted PNSA, D_7	max 1-electron react index for a O atom, D_8
14	$—CH(CH_3)_2$	$-p—OCH_3$	86.65	1.9378	1.9095	0.0227	−124.8644	1.3298×10^{-8}
15	$—CH(CH_3)_2$	$-p—Cl$	238.77	2.3780	1.9819	0.0248	−132.3244	1.9845×10^{-6}
16	$—CH_2Ar-OH$	—H	88.57	1.9473	1.9087	0.0185	−159.8114	4.1686×10^{-7}
17	$—CH_2Ar-OH$	$-p—OCH_3$	127.08	2.1041	1.9087	0.0161	−172.6105	1.8280×10^{-3}
18	$—CH_2Ar-OH$	$-p—Cl$	181.00	2.2577	1.9819	0.0189	−176.7350	1.8744×10^{-4}
19	$—CH_2Ar$	—H	74.45	1.8718	1.9096	0.0205	−131.3740	6.5028×10^{-6}
20	$—CH_2Ar$	$-p—OCH_3$	151.46	2.1803	1.9096	0.0194	−179.6525	2.3434×10^{-3}
21	$—CH_2Ar$	$-p—Cl$	178.42	2.2514	1.9819	0.0172	−168.2581	1.6235×10^{-6}

表 5-5　桔青霉对应的有 4 个结构描述符的最佳 QSAR 模型($R^2=0.9590$, $F=93.47$, $s^2=0.0018$)

描述符编号	回归系数 X	回归系数的标准偏差 ΔX	t 检验值	描述符的名称
0	−7.2473	6.1451×10^{-1}	−11.7937	intercept
1	4.3411	3.1123×10^{-1}	13.9486	max atomic orbital electronic population, D_5
2	3.0016×10^{1}	3.9781	7.5454	max electroph react index for a C atom, D_6
3	-2.1543×10^{-3}	3.2208×10^{-4}	−6.6889	PNSA-2 total charge weighted PNSA, D_7
4	8.7623×10^{1}	1.8233×10^{1}	4.8056	max 1-electron react index for a O atom, D_8

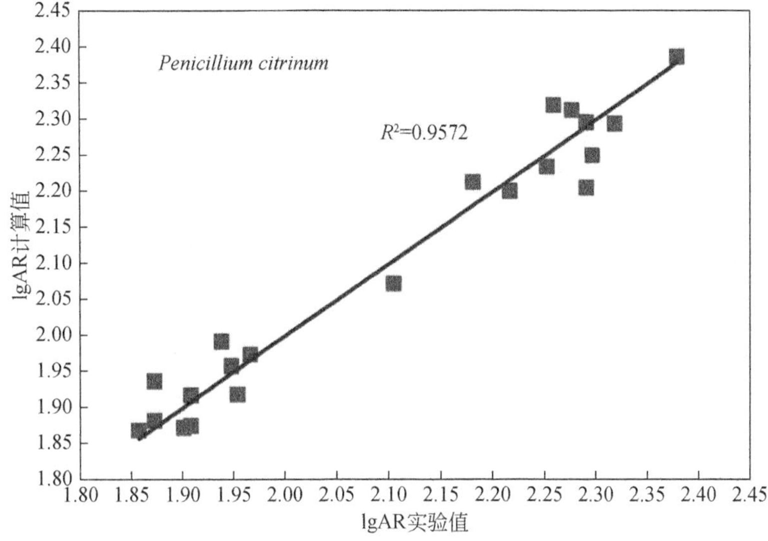

图 5-7　实验值和通过最佳模型计算出来的活性值的关系(桔青霉)

2. 最佳定量构效关系模型的检验

肉桂醛-氨基酸席夫碱化合物对桔青霉的最佳定量构效关系模型的验证结果列于表5-6。

表 5-6 QSAR 模型的验证(桔青霉)

训练集	个数 N	相关性系数 R^2(fit)	Fisher 值 F(fit)	标准偏差 s^2(fit)	测试集	个数 N	相关性系数 R^2(pred)	Fisher 值 F(pred)	标准偏差 s^2(pred)
a+b	14	0.9623	57.39	0.0021	c	7	0.9485	110.52	0.0156
a+c	14	0.9600	53.94	0.0021	b	7	0.9334	84.05	0.0188
b+c	14	0.9711	75.54	0.0014	a	7	0.9235	72.43	0.0224
平均值	14	0.9645	62.29	0.0019	平均值	7	0.9351	89.00	0.0189
D	16	0.9606	66.97	0.0020	d	5	0.8934	33.53	0.0264

3. 桔青霉几个影响活性的结构描述符

根据肉桂醛-氨基酸席夫碱化合物对桔青霉的最佳定量构效关系模型得出,最具有统计意义的描述符是最大电子轨道分布(max atomic orbital electronic population,D_5)。这是一个静电描述符,能够指示肉桂醛类化合物的亲核性[118]。该描述符正的相关性系数表明,D_5数值的增加非常有利于肉桂醛类化合物对桔青霉抗菌能力的提升。

第二个描述符是碳原子的最大静电反应指数(max electroph react index for a C atom,D_6)它是一个量子化学描述符,反映了肉桂醛类似物中碳原子的亲电反应能力。对于给定的某个原子A,A原子的最大静电反应指数定义为式(5-7)[119]:

$$E_{\mathrm{A}} = \frac{\sum_{i=1}^{n\mathrm{A}} C_{\mathrm{LUMO},i}^{2}}{\varepsilon_{\mathrm{LUMO}} + 10} \tag{5-7}$$

式中,$\varepsilon_{\mathrm{LUMO}}$是最低空轨道(LUMO)的能量,$C_{\mathrm{LUMO},i}^{2}$是LUMO轨道上原子A的轨道系数。式(5-7)所示的总和是执行在A原子所有的价电子轨道。在肉桂醛-氨基酸席夫碱化合物对桔青霉的定量构效关系模型中,碳原子的最大静电反应指数有一个正的相关性系数,表明随着该描述符数值的增加,肉桂醛类化合物对桔青霉的抗菌能力也增加。

在肉桂醛类化合物对桔青霉的定量构效关系模型中,第三个重要的结构参数是部分负电荷分子表面积占比(PNSA-2 total charge weighted PNSA,D_7)[120],该描述符定义为全部负电荷乘以容易接触的部分负电荷表面积,属于电核局部表面积描述符中的一种[121]。这个描述符主要是化合物和受体相互作用时，小分子的几何形状和负电荷的电荷密度之间的表现。

最后一个描述符参数是氧原子最大单电子反应指数(max 1-electron react index for a O atom, D_8)，这是一个量子化学描述符[122]。在式(5-6)中，该描述符具有正的相关性系数，表明增加该描述符的数值，肉桂醛类化合物对桔青霉的抗菌能力增加。

5.2.3　对大肠杆菌的最佳定量构效关系模型的确定

1. 最优定量构效关系模型的建立

采用多元线性回归的数学统计方法计算得到 9 个定量构效关系模型。计算得到的模型区别在于描述符个数的不同，使得模型统计参数 R^2 的不同，一般认为统计 R^2 越接近 1，所得到的模型越能真实地反映出建模所用化合物结构和生物活性之间的关系，然而一个模型过多的影响因素可能导致模型的失真，分析困难，预测能力变差。所以在本章中一致采用转折点法确定模型的影响因素个数从而确定最优模型。关于大肠杆菌最优模型的确定如图 5-8 所示。描述符个数和对应的模型相关性系数 R^2 的两条拟合曲线的转折点出现在 4～5 附近，取整数为 4。同时 4 个描述符的模型也满足式(5-2)的条件，所以关于大肠杆菌的最优模型为含有 4 个描述符的模型。

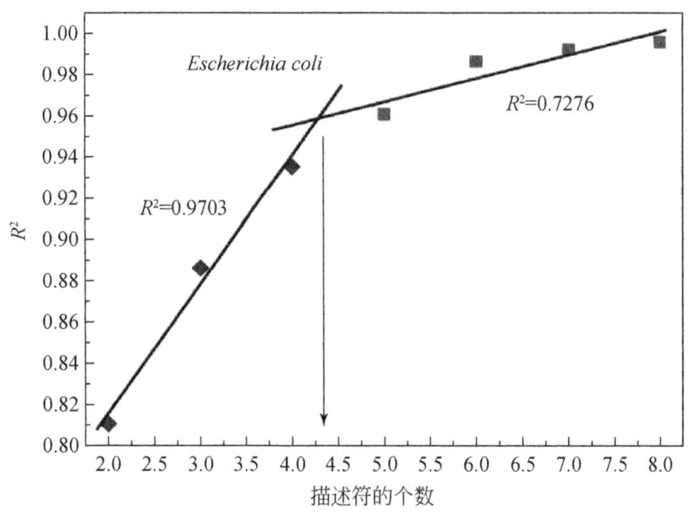

图 5-8　转折点法确定定量构效关系描述符的个数(大肠杆菌)

所选择的最终模型的 4 个参数分别为极性参数(P'')、部分电荷比重部分正电荷表面积(FPSA-3)、碳原子的平均键级(AOCA)以及单键的相对数量(relative number of single bonds)，4 个参数的具体数值列于表 5-7。所得模型具有优秀的统计数据，说明采用最佳多元线性回归方法建立的 4 个描述符的模型具有显著的统计意义。模型参数和相关数值列于表 5-8。

表 5-7　肉桂醛类化合物对大肠杆菌的抑菌率和结构描述符

序号	取代基 R1	取代基 R2	抑菌率 AR	lgAR	plarity parameter/square distance, D_9	FPSA-3 fractional PPSA(PPSA-3/TMSA), D_{10}	avg bond order of a C atom, D_{11}	relative number of single bonds, D_{12}
1	$—(CH_2)_2COOK$	—H	163.64	2.2139	5.0339×10^{-3}	0.0098	1.0927	0.6053
2	$—(CH_2)_2COOK$	$-p—OCH_3$	106.36	2.0268	2.7696×10^{-3}	0.0142	1.0782	0.6053
3	$—(CH_2)_2COOK$	-p—Cl	157.27	2.1967	2.1257×10^{-3}	0.0111	1.0915	0.6053
4	—H	—H	72.73	1.8617	0.1249	0.0111	1.1075	0.6053
5	—H	$-p—OCH_3$	72.73	1.8617	2.3127×10^{-3}	0.0147	1.1561	0.6053
6	—H	-p—Cl	163.64	2.2139	1.6089×10^{-3}	0.0113	1.1059	0.6053
7	$—CH_3$	—H	72.73	1.8617	0.1249	0.0120	1.0933	0.6053
8	$—CH_3$	$-p—OCH_3$	72.73	1.8617	2.5943×10^{-3}	0.0148	1.1732	0.6053
9	$—CH_3$	-p—Cl	113.64	2.0555	1.7586×10^{-3}	0.0112	1.1650	0.6053
10	$CH_2CH(CH_3)_2$	—H	75.45	1.8777	0.1249	0.0106	1.0584	0.6053
11	$CH_2CH(CH_3)_2$	$-p—OCH_3$	127.27	2.1047	2.8601×10^{-3}	0.0127	1.0487	0.6053
12	$CH_2CH(CH_3)_2$	-p—Cl	161.82	2.2090	1.9326×10^{-3}	0.0097	1.0579	0.6053
13	$—CH(CH_3)_2$	—H	72.73	1.8617	0.1250	0.0117	1.0725	0.6053
14	$—CH(CH_3)_2$	$-p—OCH_3$	88.18	1.9454	3.0117×10^{-3}	0.0140	1.1118	0.6053
15	$—CH(CH_3)_2$	-p—Cl	139.09	2.1433	2.0303×10^{-3}	0.0106	1.0716	0.6053
16	$—CH_2Ar\text{-}OH$	—H	177.27	2.2486	4.2908×10^{-3}	0.0107	1.1169	0.6053
17	$—CH_2Ar\text{-}OH$	$-p—OCH_3$	111.82	2.0485	3.8575×10^{-3}	0.0136	1.1250	0.6053
18	$—CH_2Ar\text{-}OH$	-p—Cl	118.18	2.0726	4.2916×10^{-3}	0.0110	1.1164	0.6053
19	$—CH_2Ar$	—H	81.82	1.9128	0.1251	0.0112	1.0518	0.6053
20	$—CH_2Ar$	$-p—OCH_3$	125.45	2.0985	2.6664×10^{-3}	0.0135	1.1063	0.6053
21	$—CH_2Ar$	-p—Cl	227.27	2.3565	1.9517×10^{-3}	0.0106	1.0512	0.6053

表 5-8　大肠杆菌对应的有 4 个结构描述符的最佳 QSAR 模型($R^2=0.9354, F=57.96, s^2=0.0020$)

描述符编号	回归系数 X	回归系数的标准偏差 ΔX	t 检验值	描述符的名称
0	5.0709	4.0665×10^{-1}	14.8035	intercept
1	−2.5685	1.9802×10^{-1}	−13.5819	polarity parameter / square distance, D_9
2	-4.1057×10^{1}	7.4151	−5.5369	FPSA-3 fractional PPSA (PPSA-3/TMSA [Zefirov's PC]), D_{10}
3	−1.7850	3.4648×10^{-1}	−5.1519	avg bond order of a C atom, D_{11}
4	-7.2082×10^{-1}	1.8119×10^{-1}	−3.9783	relative number of single bonds, D_{12}

得到 4 个描述符的最优模型可以用一个多元线性回归的公式表达出来，如式(5-8)所示：

$$\begin{aligned}\lg AR_{E.c} &= (5.0709\pm4.0665\times10^{-1})-(2.5685\pm1.9802\times10^{-1})\times D_9\\&\quad-(4.1057\times10^{1}\pm7.4151)\times D_{10}-(1.7850\pm3.4648\times10^{-1})\times D_{11}\\&\quad-(7.2082\pm1.8119)\times10^{-1}\times D_{12}\end{aligned}\tag{5-8}$$

式(5-8)中 $D_9\sim D_{12}$ 就是前面确定的 4 个描述符。将每个肉桂醛类化合物对应的结构描述的数值输入该模型，就可以得到每个化合物通过模型的 lgAR 预测值。将所有化合物的计算值和实验值拟合，发现两者之间存在线性关系，其斜率为 1。拟合后得到的相关性系数为 0.931，说明每个化合物的实验值和计算值都无限接近。也说明所建立的模型具有很好的预测能力[123](图 5-9)。

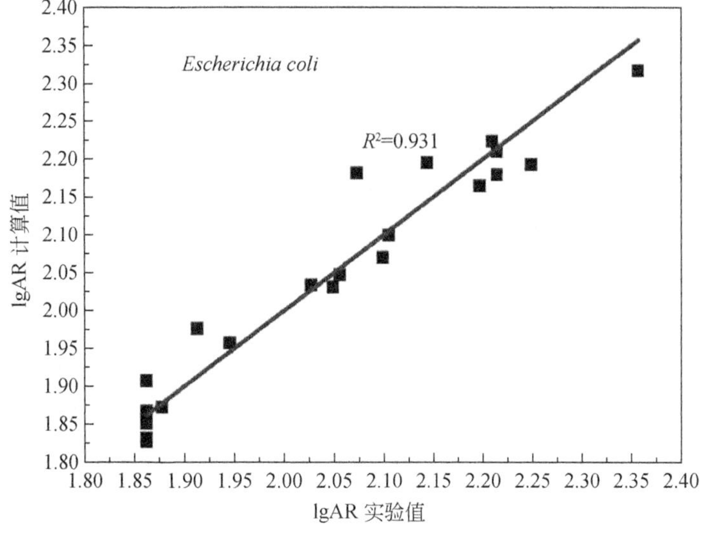

图 5-9　实验值和通过最佳模型计算出来的活性值的关系(大肠杆菌)

2. 最佳定量构效关系模型的检验

整个数据集按照实验方法中讲述的分为训练集和测试集，对每个训练集进行回归分析，得到回归分析模型，然后以分析训练集回归分析模型的统计参数：相关性系数(R^2)，Fisher 值(F)和标准偏差(s^2)作为分析验证模型的标准。从表 5-9 可以看出，所有训练集模型的统计参数都很令人满意，且平均值都接近于最优模型[112]。从而可以得出最终确定的 4 个描述符的模型更加稳定、准确。

表 5-9　QSAR 模型的内部检验(大肠杆菌)

训练集	个数 N	相关性系数 R^2(fit)	Fisher 值 F(fit)	标准偏差 s^2(fit)	测试集	个数 N	相关性系数 R^2(pred)	Fisher 值 F(pred)	标准偏差 s^2(pred)
A	14	0.9456	39.08	0.0020	c	7	0.8759	42.36	0.0171
B	14	0.8951	19.20	0.0030	b	7	0.9826	338.07	0.0096
C	14	0.9816	120.20	0.0007	a	7	0.7800	21.27	0.0227
平均值	14	0.9408	59.49	0.0019	平均值	7	0.8795	133.9	0.0165
D	16	0.9262	34.52	0.0023	d	5	0.9620	101.25	0.0162

3. 大肠杆菌几个影响活性的结构描述符

根据 t 检验值，肉桂醛–氨基酸席夫碱化合物对大肠杆菌 QSAR 模型最具有统计意义的描述符是极性参数(P'', D_9)[112]。这是一个静电描述符，其具体的定义如肉桂醛类似物对于黑曲霉的模型中所定义的[124]。根据表 5-7 中所有化合物的描述符数值可以看出，在本书中涉及的结构中，该描述符的大小明显改变出现在化合物羧基的个数(—COO⁻)和苯环对位取代基。苯环取代基和羧基的个数使得描述符极性参数明显降低，对肉桂醛类化合物的抗细菌能力有益。例如化合物 **4** 的 P'' 值为 0.1249，当在化合物 **4** 的苯环上引入氯原子变成化合物 **6**，其 P'' 值减小到 1.6089×10^{-3}，同时对大肠杆菌的抑菌率也从 72.73 增加到了 163.64。

第二个描述符是部分电荷比重部分正电荷表面积(FPSA-3 fractional charge weighted partial positive surface area，PPSA-3/TMSA，D_{10}。该描述符定义为部分电荷和部分局部正电荷表面积的比值[125]。从该描述符得出，肉桂醛类化合物的链长的增加将会导致描述符 D_{10} 的降低。根据 t 检验值的正负得出，该描述符数值的降低有利于增加肉桂醛类化合物对大肠杆菌的抑制作用。所以肉桂醛类化合物链长的增加可以作为未来设计该类化合物一个有利的结构因素。

第三个重要的描述符是碳原子的平均键级(avg bond order of a C atom, D_{11})，这是一个电子密度基的描述符，也是所有碳原子键级的平均值。碳原子的键级反映了 C—C 键的稳定性，同时反映了电子结构[126]。如果一对原子间的电子发生了位移，那么键级就会发生变化，两个原子间的键级越小，成键就越困难，电子在两个原子之间流动也就越困难。在肉桂醛-氨基酸席夫碱化合物对大肠杆菌的定量构效关系模型中，描述符碳原子的平均键级有一个负的相关性系数，表明较小的 C—C 键级有利于增加肉桂醛席夫碱类化合物对大肠杆菌的抑制能力。

对于大肠杆菌的最优模型，最后一个影响参数是单键的相对数量(relative number of single bonds, D_{12})。在表 5-8 中，该描述符有负的相关性系数，表明更小的单键相对数量更加有利于肉桂醛类席夫碱抗菌能力的增加[127]。

5.2.4　对金黄色葡萄球菌的最佳定量构效关系模型的确定

1. 最优定量构效关系模型的建立

回归模型的准确率和描述符的个数有密切的关系。通过 CODESSA 软件的计算，共得到了 7 个模型。分别是含有 2～8 个描述符的模型。随着描述符个数的增加，模型的性能也会增加直至达到 8 个描述符。从统计学的角度来讲，用尽可能少的变量来表征尽可能多的结构信息会更好。过多的变量会导致计算量的增加及所建立模型的不稳定，最终可能导致建立模型预测能力变差。因此必须对所建立模型的变量进行选择。在多元线性回归计算过程中，已经对所有的描述选择了一遍，得到模型的 $R^2>0.8$ 说明得到模型的变量之间有很好的独立性。本书中采用转折点法来确定参数个数。即当描述符参数的增加不再引起模型的性能显著增加的那一点为转折点。如图 5-10 所示，关于金黄色葡萄球菌的模型参数个数为 4 时，模型的参数变化不明显。说明该点为转折点，对应的模型即为后面中所用模型。

最终选定的 4 个描述符分别是氢原子的最小原子状态能、WNSA-1 weighted PNSA、负电荷表面积的相对量和氯原子的个数。4 个结构描述符的数值列于表 5-10。该 4 个描述符的模型在本章中称为最优模型，最优模型的具体参数和统计参数见表 5-11。

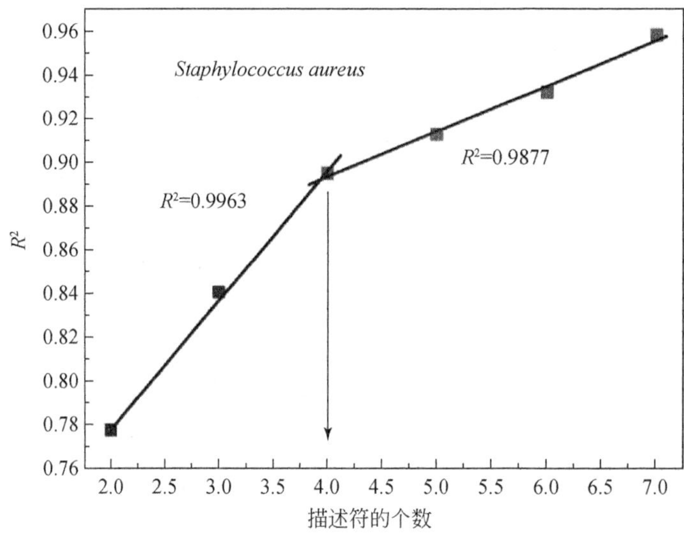

图 5-10　转折点法确定模型中结构描述符的个数(金黄色葡萄球菌)

表 5-10　肉桂醛类化合物对金黄色葡萄球菌的抑菌率和结构描述符

序号	取代基 R1	取代基 R2	抑菌率 AR	lgAR	the minimum atomic state energy for a H atom, D_{13}	WNSA-1 weighted PNSA, D_{14}	the relative amount of negative charged SA, D_{15}	the number of Cl atoms, D_{16}
1	—$(CH_2)_2COOK$	—H	91. 11	1. 9596	-7. 2770	127. 7249	13. 5586	0. 0000
2	—$(CH_2)_2COOK$	-*p*—OCH_3	88. 89	1. 9488	-7. 3330	126. 9269	4. 5587	0. 0000
3	—$(CH_2)_2COOK$	-*p*—Cl	222. 22	2. 3468	-7. 3530	172. 4734	11. 4494	1. 0000
4	—H	—H	88. 89	1. 9488	-7. 3180	87. 3458	10. 0842	0. 0000
5	—H	-*p*—OCH_3	88. 89	1. 9488	-7. 3170	90. 6090	6. 6390	0. 0000
6	—H	-*p*—Cl	122. 22	2. 0872	-7. 3100	112. 3508	16. 1548	1. 0000
7	—CH_3	—H	96. 67	1. 9853	-7. 3840	89. 1705	8. 1225	0. 0000
8	—CH_3	-*p*—OCH_3	103. 33	2. 0142	-7. 3640	119. 4079	6. 6248	0. 0000
9	—CH_3	-*p*—Cl	355. 56	2. 5509	-7. 3800	138. 2133	16. 1512	1. 0000
10	$CH_2CH(CH_3)_2$	—H	88. 89	1. 9488	-7. 3180	89. 6997	12. 0427	0. 0000

续表

序号	取代基 R1	取代基 R2	抑菌率 AR	lgAR	the minimum atomic state energy for a H atom, D_{13}	WNSA-1 weighted PNSA, D_{14}	the relative amount of negative charged SA, D_{15}	the number of Cl atoms, D_{16}
11	$CH_2CH(CH_3)_2$	-*p*—OCH_3	88.89	1.9488	-7.3340	110.4771	5.3309	0.0000
12	$CH_2CH(CH_3)_2$	-*p*—Cl	141.11	2.1496	-7.3170	132.7288	12.8490	1.0000
13	—$CH(CH_3)_2$	—H	88.89	1.9488	-7.3350	108.6156	5.7232	0.0000
14	—$CH(CH_3)_2$	-*p*—OCH_3	88.89	1.9488	-7.3360	115.2242	5.8626	0.0000
15	—$CH(CH_3)_2$	-*p*—Cl	174.44	2.2417	-7.3300	139.9473	14.6326	1.0000
16	—CH_2Ar-OH	—H	127.78	2.1065	-7.3210	134.7791	13.4207	0.0000
17	—CH_2Ar-OH	-*p*—OCH_3	103.33	2.0142	-7.3480	157.7156	3.6624	0.0000
18	—CH_2Ar-OH	-*p*—Cl	144.44	2.1597	-7.3080	172.0321	7.1417	1.0000
19	—CH_2Ar	—H	88.89	1.9488	-7.3450	111.6619	6.6481	0.0000
20	—CH_2Ar	-*p*—OCH_3	92.22	1.9648	-7.2920	175.5388	4.9846	0.0000
21	—CH_2Ar	-*p*—Cl	277.78	2.4437	-7.3320	154.3464	13.3231	1.0000

表 5-11　金黄色葡萄球菌对应的有 4 个结构描述符的最佳 QSAR 模型
($R^2=0.8946, F=33.94, s^2=0.0043$)

描述符编号	回归系数 X	回归系数的标准偏差 ΔX	t 检验值	描述符的名称
0	-1.8664×10^{1}	4.3463	-4.2942	intercept
1	-2.7525	5.8814×10^{-1}	-4.6799	min atomic state energy for a H atom, D_{13}
2	2.6523×10^{-3}	6.9487×10^{-4}	3.8170	WNSA-1 weighted PNSA (PNSA1×TMSA/100) [Quantum-Chemical PC], D_{14}
3	1.9642×10^{-2}	5.2856×10^{-3}	3.7162	the relative amount of negative charged SA (SAMNEG · RNCG) [Zefirov's PC], D_{15}
4	1.1873×10^{-1}	5.2091×10^{-2}	2.2794	the number of Cl atoms, D_{16}

根据表 5-11 中各个描述符参数的数据，可以将最优模型用多元线性方程表达，如式(5-9)：

$$
\begin{aligned}
\lg AR_{E.c} = & -(1.8664\times10^{-1}\pm4.3463)-(2.7525\pm5.8814\times10^{-1})\times D_{13} \\
& +(2.6523\times10^{-3}\pm6.9487\times10^{-4})\times D_{14} \\
& +(1.9642\times10^{-2}\pm5.2856\times10^{-3})\times D_{15} \\
& +(1.1873\times10^{-1}\pm5.2091\times10^{-2})\times D_{16}
\end{aligned}
\tag{5-9}
$$

一个未知的化合物对金黄色葡萄球菌的抗菌性能可以通过输入该化合物的描述符参数计算出来。所有样本集化合物的抗菌数值也可以通过式(5-9)计算，其计算值和实验值之间的关系如图 5-11 所示。从图 5-11 看出，该模型的预测能力弱于之前的模型。

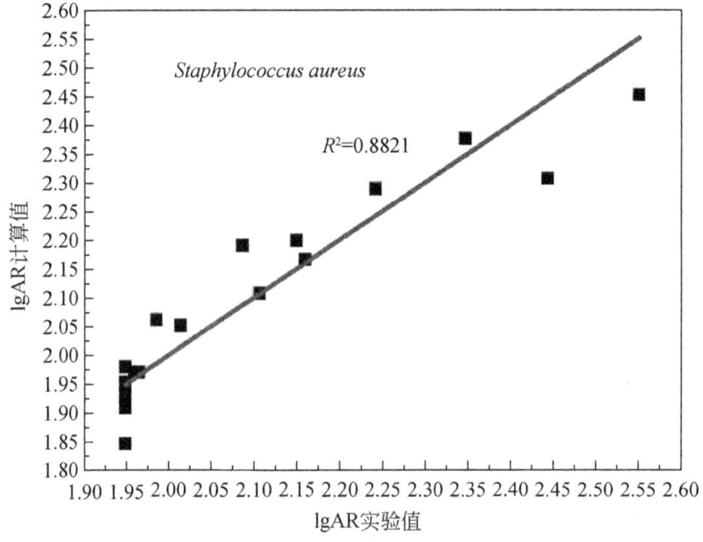

图 5-11 实验值和通过最佳模型计算出来的活性值的关系(金黄色葡萄球菌)

2. 最佳定量构效关系模型的检验

确定好的最佳定量构效关系模型采用内部验证法中的留一法和留多法进行验证，验证结果如表 5-12 所示。

表 5-12 QSAR 模型验证(金黄色葡萄球菌)

训练集	个数 N	相关性系数 R^2(fit)	Fisher 值 F(fit)	标准偏差 s^2(fit)	测试集	个数 N	相关性系数 R^2(pred)	Fisher 值 F(pred)	标准偏差 s^2(pred)
A	14	0.9339	31.79	0.0037	c	7	0.6790	12.69	0.0322
B	14	0.9121	23.35	0.0044	b	7	0.8410	31.75	0.0273
C	14	0.8754	15.81	0.0046	a	7	0.9089	59.84	0.0259
平均	14	0.9071	23.65	0.0042	平均	7	0.8096	34.76	0.0282
D	16	0.8975	24.08	0.0056	d	5	0.8029	16.29	0.0175

3. 最优定量构效关系模型的建立

肉桂醛-氨基酸席夫碱化合物对金黄色葡萄球菌的最优定量构效关系模型按照同样的方法确定。根据 t 检验值的大小,对于该模型最具有统计意义的描述符是氢原子的最小原子状态能(the minimum atomic state energy for a H atom,D_{13})。这个描述符是一个量子化学描述符,与氢原子在分子中状态能量有关。按照经典化学理论,更低的能量更有利于分子的稳定[128]。在式(5-9)中显示该描述与肉桂醛-氨基酸席夫碱类化合物负相关,说明越低的氢原子状态能越有利于肉桂醛类化合物对金黄色葡萄球菌起到抑制作用。这样的描述符在指导以后的设计工作趋向于更加稳定的分子。

关于金黄色葡萄球菌的定量构效关系模型,第二个重要的描述符是 WNSA-1 weighted PNSA,D_{14},这也是一个量子化学描述符,从这个描述符可以反映出分子的形状和电子的分布,该描述符定义为如下公式[129]:

$$\text{WNSA-1}=\frac{\text{PNSA1}\times\text{TMSA}}{1000} \tag{5-10}$$

式中 PNSA1 是部分负电荷分子表面积;TMSA 是全部分子表面积。从该描述符的定义来看,该描述符与分子表面积有密切关系,也就是说和分子电荷分布和形状有关系。该描述符负的相关性系数说明肉桂醛席夫碱类分子电荷密度越集中,分子表面积越小,该类化合物对金黄色葡萄球菌的抑制能力越强。

第三个重要的描述是负电荷表面积的相对量(the relative amount of negative charged SA,D_{15})。该描述符是一个量子化学描述符,是部分负电荷的分子表面积[130]。该描述符从 400 多个描述中选出,说明负电荷的表面积对肉桂醛-氨基酸席夫碱化合物的抑菌性能有重要的影响。

最后一个描述符参数是氯原子的个数(the number of Cl atoms,D_{16})。这个描述符是一个组成描述符。该描述符与分子的极性有关,氯原子的存在增加了化合物的极性。曾有文献报道[131]:大多数芳香类化合物在苯环上引入氯原子后表现出更好的抗菌性能。这个研究结果与 Teixeira 等对吡唑类衍生物的研究中的结果一致[132]。

第6章　利用肉桂醛-氨基酸席夫碱的QSAR模型设计新化合物

传统的新型高效抗菌物质开发周期漫长,耗费了大量物质、时间成本,但是成功率却较低,该模式已经不能满足当今社会的发展需求。随着计算机信息技术的发展,分子设计进入了计算机辅助设计的阶段。通过计算机辅助设计分子,定向合成,大大降低了分子开发的成本,提升了开发效率,例如抗菌药诺氟沙星的开发等。

在第5章中,通过研究肉桂醛-氨基酸席夫碱化合物对各个菌种的定量构效关系,建立了QSAR模型。根据该模型的主要影响因素可以为新化合物的设计提供一个方向和指导,同时设计好的化合物可以通过QSAR模型预测其活性值。本章以QSAR模型为基础,提炼分析影响该类化合物抑菌活性的几种主要因素,设计了多种同类化合物结构,从中筛选出具有较高抑菌活性的化合物。针对这些筛选出的化合物,我们在实验室中进行了定向合成、表征、抑菌活性测试。

6.1　设计化合物

6.1.1　化合物设计筛选方法

根据QSAR模型,影响肉桂醛类化合物生物活性最主要的化学结构因素是化合物的极性参数和负电荷的分布等。在第5章中也获得了一些特殊的结构因素对肉桂醛类化合物的抗菌性的积极的贡献作用,例如羧基的数量、苯环上的取代基等。考虑到这些重要的结构参数,我们设计了一系列分子结构,期望有很好的抗菌性能,其中一部分的分子结构列于图6-1。通过QSAR模型公式,图6-1中所有化合物的抑菌活性值都可以计算出来。具体计算过程如下。

用ChemBio3D软件画出设计分子结构图,保存为.mol格式,将该结构在AMPAC Agui软件中进行分子结构优化。再将得到的优化后的结构数据文件导入CODESSA 2.7.16软件计算化合物所有结构描述符。从计算出的描述符中找到第5章QSAR模型中对应的描述符,将对应数值输入到最佳定量构效关系模型的公式中,从而计算出每个设计化合物的预测值lgAR。

在图6-1的所有分子结构中,化合物**B**、**K**和**L**的预测抑菌值很高,高于第4章所用到的标准化合物氟康唑和环丙沙星的抑菌活性。所以本章选择了化合物

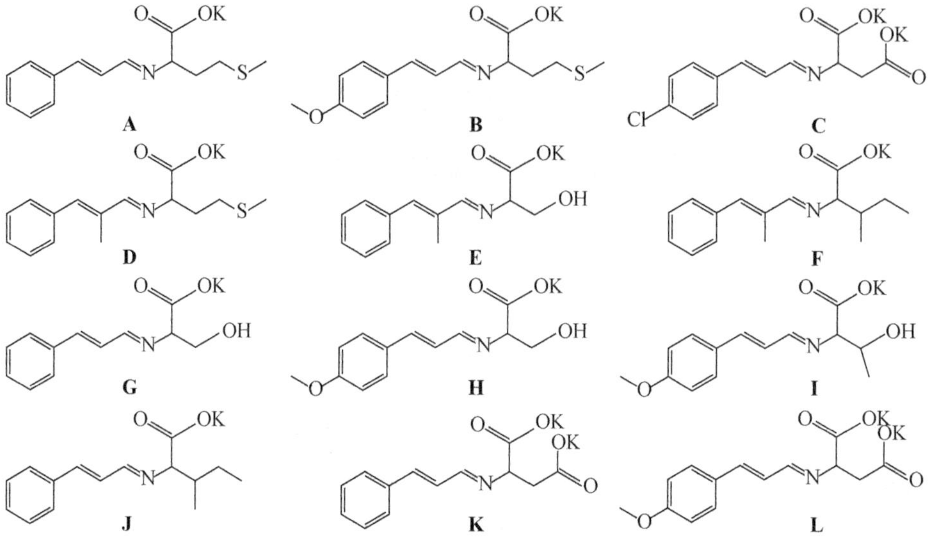

图 6-1 根据 QSAR 模型设计化合物

B、**K** 和 **L** 作为新合成化合物,在实验室进行合成表征、测试其抑菌效果。

6.1.2 设计化合物的合成与表征

1. 合成表征方法

设计化合物与第 2 章中合成的化合物为同类化合物,所以合成方法相似,同 2.2.1 小节中所述。

2. 结构表征结果

化合物 **B**:对甲氧基肉桂醛-甲硫氨酸席夫碱;橘黄色粉末;$C_{15}H_{18}KNO_3S$;熔点:277.3℃;FTIR(cm^{-1}):1630(C ═O),1579(C ═N,C ═C),1509(C_{Ar}═C_{Ar}),824(C_{Ar}═H);^1H NMR(400MHz,MeOD):δ 7.96 ~ 7.89(1H,—CH ═N),m,7.44 ~ 7.36(2H,Ph—H,m),7.02 ~ 6.92(1H,Ph—H,m),6.86 ~ 6.81(2H,CH ═C,m),6.73(1H,C ═CH,dd,J15.9,9.0),3.76(1H,CH—N—,dd,J8.8,4.7),3.71(3H,—OCH_3,d,J5.6),2.45 ~ 2.37(1H,—CH_2,m),2.31(1H,—CH_2,ddd,J12.9,8.8,7.1),2.13(1H,—CH_2,dddd,J13.7,9.0,7.1,4.7),1.97(3H,—CH_3,d,J3.7),1.97 ~ 1.91(1H,—CH_2,m);MS(ESI)m/z:$M_{[M+H]^+}$ = 331.0,发现$[M+K]^+$390.1。

化合物 **K**:对甲氧基肉桂醛-天冬氨酸席夫碱;$C_{13}H_{13}K_2NO_4$;黄色粉末;熔点:198.5 ~ 200.5℃;FTIR(cm^{-1}):1634(C ═O),1564(C ═N,C_{arom}═C_{arom}),1491(C_{arom}═

C_{arom}),742(Ar—H),687(Ar—H);^{1}H NMR(500MHz, MeOD):δ 8.04(d, J=8.9Hz,1H,CH ═N—),7.47(t,J=7.6Hz,2H,Ar—H),7.33~7.25(m,3H,Ar—H),7.02(d,J=16.0Hz,1H,CH ═C—,6.88(dd,J=16.0,8.9Hz,1H,CH ═C—),4.10(dt,J=21.1,10.5Hz,1H,—CH—),2.69~2.51(m,2H,—CH_2—);MS(ESI)m/z:$M_{[M+H]^+}$=323.0,发现$[M+K]^+$362.0。

化合物 **L**:对氯肉桂醛-天冬氨酸席夫碱;$C_{14}H_{13}K_2NO_5$;黄色粉末;熔点:185.8~190.0℃;FTIR(cm^{-1}):1632(C ═O),1589(C ═N, C_{arom}═C_{arom}),1520(C_{arom}═C_{arom}),819(Ar—H);^{1}H NMR(400MHz, D_2O):δ 8.02(d,J=9.0Hz,1H,CH ═N—),7.52~7.47(m,2H,Ar—H),7.04(d,J=15.9Hz,1H,CH ═C—),6.95~6.90(m,2H,Ar—H),6.83(dd,J=15.9,9.0Hz,1H,C ═CH—),3.81(s,3H,Ar—OCH_3),3.71(dd,J=8.6,5.0Hz,1H,—CH—),2.18~2.10(m,2H,—CH_2—);MS(ESI)m/z:$M_{[M+H]^+}$=353.0,发现$[M+K]^+$392.1。

6.2 设计化合物的抑菌性能探究

根据最佳 QSAR 模型筛选出的化合物的抑菌活性也采用滤纸片法进行测试,抑菌圈直径列于表 6-1 和表 6-2。可以看出,三个新合成的化合物对测试真菌和细菌的生长都具有抑制作用,随着化合物测试浓度的降低,抑菌圈直径依次减小,即使在最小的测试浓度下,新化合物仍表现出令人满意的抑菌作用。如模型所预测的一样,3 个化合物的抑菌圈直径活性非常大,化合物 **K** 对桔青霉的抑菌圈直径达到了 40.7mm。同样的测试浓度下,新合成的化合物的抑菌圈直径比标准物质环丙沙星和氟康唑大。

表 6-1　筛选化合物对黑曲霉和桔青霉的抑菌圈直径　(单位:mm)

菌种	测试样品名称	测试浓度				
		对照	0.250mol/L	0.125mol/L	0.063mol/L	0.022mol/L
黑曲霉	**B**	0	35.67±2.19	22.67±3.33	17.33±1.67	11.67±0.33
	K	0	29.7±0.33	24.0±1.15	19.3±0.67	12.7±0.44
	L	0	16.3±1.32	22.5±1.76	11.2±0.93	8.0±0.00
桔青霉	**B**	0	38.00±0.00	37.33±0.67	18.00±0.00	11.00±0.33
	K	0	40.7±2.60	28.0±0.58	14.8±0.60	10.3±0.33
	L	0	34.3±0.33	23.7±2.33	12.8±0.44	8.0±3.00

表 6-2　筛选出化合物对大肠杆菌和金黄色葡萄球菌的抑菌圈直径　(单位:mm)

菌种	测试样品名称	测试浓度				
		对照	0.250mol/L	0.125mol/L	0.063mol/L	0.022mol/L
大肠杆菌	**B**	0	24.33±0.67	15.00±0.58	10.00±0.00	8.67±0.67
	K	0	25.0±1.73	17.3±1.33	12.0±1.15	8.0±0.00
	L	0	9.5±0.29	10.0±0.58	10.0±1.53	10.3±2.33
金黄色葡萄球菌	**B**	0	19.33±0.67	12.00±0.00	10.67±0.33	9.00±0.58
	K	0	18.0±0.00	8.0±0.00	8.0±0.00	8.0±0.00
	L	0	8.0±0.00	10.2±1.17	8.3±0.33	8.0±0.00

6.3　预测值和实验值的对比

新合成的 3 个化合物是根据第 5 章中最佳 QSAR 模型设计筛选出来的,设计合成的新化合物可以作为一个集合来验证之前建立的 QSAR 模型是否可靠。表 6-3 和 6-4 列出了新合成化合物在 0.125mol/L 时的抑菌率,对比了实验值(Exp. lgAR)和计算值(Cal. lgAR)。从表可以看出新合成化合物的实验值 lgAR 和计算值 lgAR 非常接近。对于所测试的四种微生物,新化合物的实验值和计算值的绝对误差平均值分别为 0.1017(金黄色葡萄球菌)、0.1148(大肠杆菌)、0.0747(黑曲霉)、0.3063(桔青霉);平均相对误差为 4.8%(金黄色葡萄球菌)、5.3%(大肠杆菌)、3.6%(黑曲霉)、12.8%(桔青霉)。从新合成化合物的实验值和计算值的对比看出,新化合物对黑曲霉的实验值和计算值误差最小,从而说明关于黑曲霉的 QSAR 模型具有最好的预测能力,非常可靠。

表 6-3　筛选化合物(B、K、L)的抗细菌率和模型预测值的对比

序号	金黄色葡萄球菌				大肠杆菌			
	lgAR 计算值	AR 实验值	lgAR 实验值	差值	lgAR 计算值	AR 实验值	lgAR 实验值	差值
B	1.8662	133.33	2.1249	0.2587	1.8831	136.36	2.1347	0.2516
K	1.9355	88.89	1.9488	0.0133	2.0739	157.27	2.1967	0.1228
L	2.0212	113.33	2.0544	0.0332	1.9886	90.91	1.9586	−0.03

表 6-4　筛选化合物(B、K、L)的抑真菌率和模型预测值的对比

序号	黑曲霉				桔青霉			
	lgAR 计算值	AR 实验值	lgAR 实验值	差值	lgAR 计算值	AR 实验值	lgAR 实验值	差值
B	1.9693	121.42	2.0843	0.115	2.2039	287.15	2.4581	0.2542
K	2.1851	128.55	2.1091	0.076	2.2275	225.92	2.3540	0.1265
L	2.0480	120.51	2.0810	0.033	2.1125	182.28	2.2607	0.1482

以肉桂醛-氨基酸席夫碱化合物的定量构效关系模型为基础,设计筛选出的三种新的肉桂醛类化合物。对新化合物进行了合成、结构表征、生物活性测试。新化合物的抑菌性能如模型预测一样,对测试真菌和细菌都有很强的抑制能力,化合物 **K** 对桔青霉的抑菌圈直径可以达到 40.7mm。其他两种化合物对微生物生长的抑制作用强于标准物质氟康唑和环丙沙星。在对比新化合物抑菌率实验值和通过模型的计算值发现,两者非常接近误差较小,最小的绝对误差仅为 0.03,而平均绝对误差也在 0.1 左右。以上研究结果证实利用肉桂醛-氨基酸席夫碱化合物的 QSAR 模型来设计开发新型的肉桂醛席夫碱化合物是可靠的。

第7章　肉桂醛基衍生物的应用

7.1　肉桂醛基衍生物对木材防腐和防霉作用

木材由于具有外表美观、密度低、强度好等显著优点深受人们的喜爱，被广泛用于房屋、景观、体育设施等建设[133]。随着经济的迅速发展和人们生活水平的提高，对木材的消耗也日益增加。然而，我国木材资源匮乏，人均占有量均低于世界平均水平，并且木材作为由纤维素、半纤维素和木质素组成的天然有机原料，易被真菌、昆虫和海洋生物侵蚀而造成大量的经济损失[134]。使用木材防腐剂处理木材，可以起到保护木材的作用，延长木材的使用寿命。

木材防腐剂主要包括油类防腐剂、油载防腐剂和水载防腐剂3类[134,135]，如煤焦杂酚油、蒽油；五氯酚、环烷酸铜；铜铬砷（CCA）、氨溶砷酸铜（ACA）和季铵盐（ACQ）等。然而这些传统的木材防腐剂由于含有有毒的化学成分而对人类身体健康造成一定的危害，对环境也会造成一定程度的污染。例如一度被广泛使用的煤焦油防腐剂，其中含有大量具有致癌性的多环芳烃，因此在许多国家已经被禁止使用[136]；目前应用最为广泛的铜铬砷防腐剂中，砷和六价铬都是具有剧毒化学物质，其中，砷元素是一种致癌物质，砷中毒能导致全身各系统功能和器质性疾病，轻者丧失劳动能力，重者导致癌变死亡。铜元素的含量过高也会对人体产生不良的影响。由于传统木材防腐剂具有以上缺点，木材防腐工业需要研发低毒甚至无毒、高效、环境友好型的木材防腐剂[137]。

近年来肉桂醛在木材防腐剂领域也受到了广泛的关注[138]。国内外很多学者对其作为木材防腐剂进行了大量的研究，Wang等[139]的抑菌分析发现，0.5%的肉桂醛对多种褐腐菌、变色菌以及霉菌均有很好的抑菌效果。Sen-Sung Cheng等[10]研究发现肉桂醛应用于木材防腐，当用量为5%时，腐朽后样品的失重率仅为1.2%，且对白蚁的实验表明还具有很好的抗白蚁性能。该处理材在室外暴露一年，由木腐菌导致的失重仅为4.6%，因白蚁所产生的失重仅为1.4%，说明肉桂醛的防腐、抗白蚁作用能够持续较长时间[140]。然而肉桂醛在木材防腐方面的应用受到了限制，主要是因为肉桂醛强烈的刺激性气味，易氧化。所以具有同等抑菌效能肉桂醛衍生物的开发对肉桂醛在木材防腐方面的应用有一定的意义。

在第2和第4章中研究了多种肉桂醛衍生对木材腐朽真菌和霉变真菌的抑菌

能力,并以此构建了肉桂醛类化合物结构与其抑菌性能之间的定量构效关系模型。结果表明肉桂醛类化合物在作为木材防腐剂和防霉剂方面有很好的发展前景,而木材防腐和防霉性能是衡量木材防腐剂和防霉剂性能的一项重要指标,所以本章从肉桂醛类化合物中,挑选了 5 种有结构代表性且抑菌性能较好的化合物,通过室内木材的防腐和防霉实验,检测了它们的防腐和防霉性能。这 5 种化合物分别为肉桂醛、肉桂酸、对氯肉桂醛、肉桂醛二乙缩醛、*N*,*N*-二反式对氯肉桂醛-1,2-乙二胺席夫碱。

7.1.1　肉桂醛类化合物对褐腐菌的抗腐朽能力

1. 防腐实验方法

(1)试材与饲木

试材:供试验用树种,大青杨[(Ussuri Poplar),(*Populus ussuriiensis Kom*)]边材,胸径 20 ~ 30cm,在胸高位置处截取(包括试样和饲木)。试样:试样选择平整、材质均匀的试材顺纹截取,试样不能有可见缺陷,也不能进行化学处理,尺寸为 2cm×2cm×1cm。截取后将试样称重,编号,备用。饲木:尺寸为 2cm×2cm×0.3cm(顺纹方向)。

(2)真空浸渍

室内木材防腐实验按照《中华人民共和国林业行业标准——木材防腐剂对腐朽菌毒性实验室试验方法》(LY/T 1283—2011)进行[141]。

(3)河砂锯屑培养基制备

按重量比 1∶1.5∶8.5∶150 分别称取足够量红糖、马尾松边材锯屑(0.4 ~ 0.75mm)、玉米粉、洗净干河砂(0.4 ~ 0.75mm),混匀,称取 160g 装入 1000mL 自制扁口培养瓶中,使培养基表面平整,再将 6 块饲木错落地放到培养基表面,然后向瓶中加入波美度为 1.03 的麦芽糖液 90mL,以棉花塞和牛皮纸封口,高压灭菌后备用。

(4)测试菌的接种与培养

①PDA 平板上试菌的接种:在 PDA 平板上接种菌株,然后在温度 28℃,湿度 85% 条件的恒温恒湿箱中培养 1 周。②河沙锯屑培养基上试菌的接种:在培养好的 PDA 平板上切取直径约 5mm 的菌丝块,然后放入河沙锯屑培养基上,塞棉牛皮纸封口,放入恒温恒湿箱培养约 2 周,直至饲木被菌丝覆盖。恒温恒湿箱保持温度 28℃,湿度 85%。

(5)试样的数量及防腐剂处理溶液的配置

每种防腐剂配制 5 个梯度浓度,每一个浓度测试 6 块试样;另外取 6 块试样只用溶剂处理，以确定溶剂对试菌的抗腐力。还有 6 块试样未经任何处理以确定所有试菌的活性。

防腐剂溶液的配置：肉桂醛，测试浓度分别为 0.6%、2.4%、3.84%、4.2%、6%；肉桂酸，测试浓度分别为 0.5%、1%、3%、5%、7%；对氯肉桂醛，测试浓度分别为 0.6%、2.4%、5.01%、6%、7.2%；肉桂醛二乙缩醛，测试浓度分别为 0.6%、2.4%、5.28%、6%、7.2%；N,N-二反式对氯肉桂醛-1,2-乙二胺席夫碱，测试浓度分别为 0.6%、2.4%、6%、8.64%、10.8%。

(6)试样的称重

将准备好的试样放入鼓风干燥箱中，在 40℃ 的烘干约 48h 直至恒重，在分析天平上称重得质量 T_1；将试样放入真空干燥器中，用防腐剂在真空(0.01MPa)条件下浸注约 30min，取出，除去表面防腐剂后在分析天平上称重得质量 T_2；试样放入鼓风干燥箱中，在 40℃ 的烘干约 48h 直至恒重，在分析天平上称重得质量 T_3。

(7)试样腐朽

将药剂处理试样高压灭菌后，放在培养瓶中的饲木上，每片饲木上放 1 块试样，保持试样宽面与饲木表面接触。封口后的培养瓶放入恒温恒湿箱进行培养约 12 周，培养条件为 28℃，湿度 85%，培养期间避免经常开灯照射试样。

(8)试样中防腐剂载药量(R)的计算

$$R = \frac{(T_2 - T_1) \cdot c}{V} \times 10 \tag{7-1}$$

式中：R——试样中防腐剂的保持量，kg/m^3；

V——试样体积，cm^3；

c——防腐剂溶液浓度，质量%。

(9)试样结束时对试样的称重处理

实验结束后，将试样从培养瓶中取出，小心清除试样表面菌丝和杂质，放入烘箱中 40℃ 下烘干至恒重，称量(准确至 0.01g)，得试样腐朽后质量(T_4)。试样腐朽后质量损失率(L)按照式(7-2)计算：

$$L = \frac{T_3 - T_4}{T_3} \times 100 \tag{7-2}$$

式中：L——试样质量损失率，%；

T_3——试样腐朽前恒重质量，g；

T_4——试样腐朽后恒重质量，g。

(10)试样结果评价标准

通过质量损失率，可以初步评价试材受腐朽菌侵害的程度。不同质量损失率对应的耐腐等级见表 7-1。

表 7-1　木材的耐腐等级

等级	针叶材质量损失率/%	阔叶材质量损失率/%
Ⅰ最耐腐	0 ~ 10	0 ~ 10
Ⅱ耐腐	11 ~ 20	11 ~ 30
Ⅲ稍耐腐	21 ~ 30	31 ~ 50
Ⅳ不耐腐	>30	>50

2. 处理材对褐腐菌的耐腐朽性能

表 7-2 ~ 表 7-6 是几种防腐剂对密粘褶菌抑制性能结果表，图 7-1 ~ 图 7-5 是几种防腐剂药液浓度与载药量和质量损失率之间的关系图(对密粘褶菌)。

由表 7-2 和图 7-1 可以看出，随着药液浓度的增大，试样上防腐剂的载药量逐渐增大，而试样质量损失率逐渐减少。当药液浓度为 3.84% 时，试样耐腐等级达到Ⅱ级；当药液浓度为 6.0% 时，试样耐腐等级达到Ⅰ级。

表 7-2　肉桂醛对密粘褶菌的抑菌性能

药物浓度/%	防腐剂的载药量/(kg/m^3)	质量损失率/%	耐腐等级
0	0	34.10	Ⅲ
0.6	3.69	36.19	Ⅲ
2.4	11.97	28.94	Ⅱ
3.84	20.94	18.04	Ⅱ
4.2	23.88	16.55	Ⅱ
6.0	31.31	9.15	Ⅰ

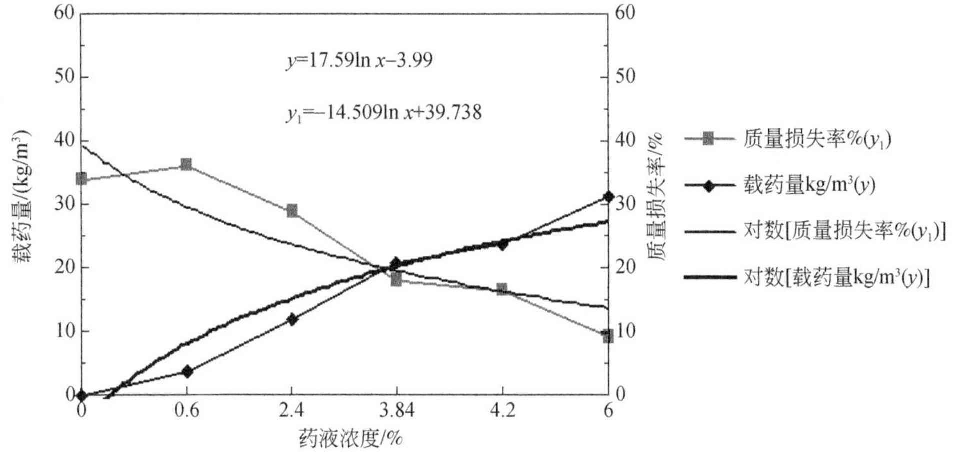

图 7-1　肉桂醛浓度与载药量和质量损失率的关系图(对密粘褶菌)

由表7-3和图7-2可以看出，随着肉桂酸药液浓度的增大，木材试样中防腐剂的载药量逐渐增大，而试样质量损失率逐渐减少。当药液浓度为1%时，试样耐腐等级达到Ⅱ级，当药液浓度为5%时，试样耐腐等级达到Ⅰ级。

表7-3　肉桂酸对密粘褶菌的抑菌性能

药物浓度/%	防腐剂的载药量/(kg/m³)	质量损失率/%	耐腐等级
0	0	34.10	Ⅲ
0.5	3.70	30.60	Ⅲ
1	6.32	14.83	Ⅱ
3	17.68	11.96	Ⅱ
5	33.45	9.00	Ⅰ
7	41.15	5.13	Ⅰ

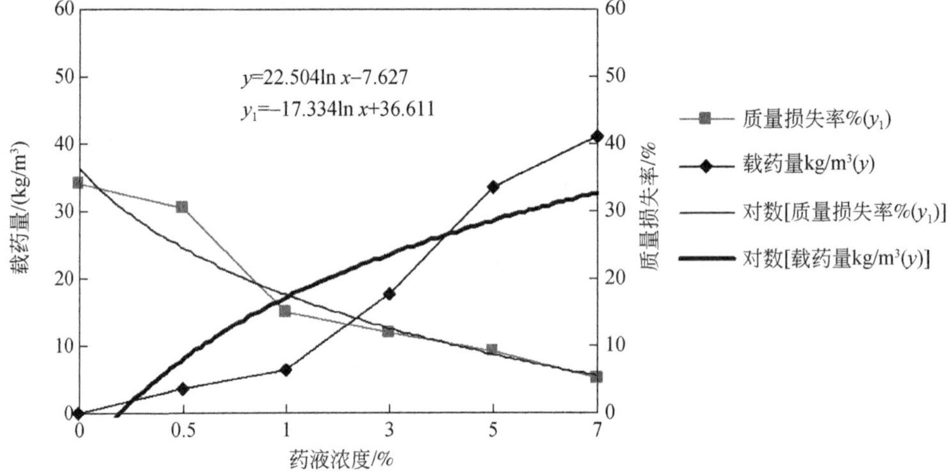

图7-2　肉桂酸浓度与载药量和质量损失率的关系图(对密粘褶菌)

由表7-4和图7-3可以看出，随着对氯肉桂醛药液浓度的增大，试样上防腐剂的载药量逐渐增大，而试样质量损失率逐渐降低。当药液浓度为2.4%时，试样耐腐等级达到Ⅱ级。当药液浓度为5%时，试样耐腐等级达到Ⅰ级。

表7-4　对氯肉桂醛对密粘褶菌的抑菌性能

药物浓度/%	防腐剂的载药量/(kg/m³)	质量损失率/%	耐腐等级
0	0	34.10	Ⅲ
0.6	3.18	33.51	Ⅲ
2.4	13.28	11.12	Ⅱ

续表

药物浓度/%	防腐剂的载药量/(kg/m³)	质量损失率/%	耐腐等级
5.0	28.33	1.31	Ⅰ
6	31.96	1.04	Ⅰ
7.2	37.18	2.09	Ⅰ

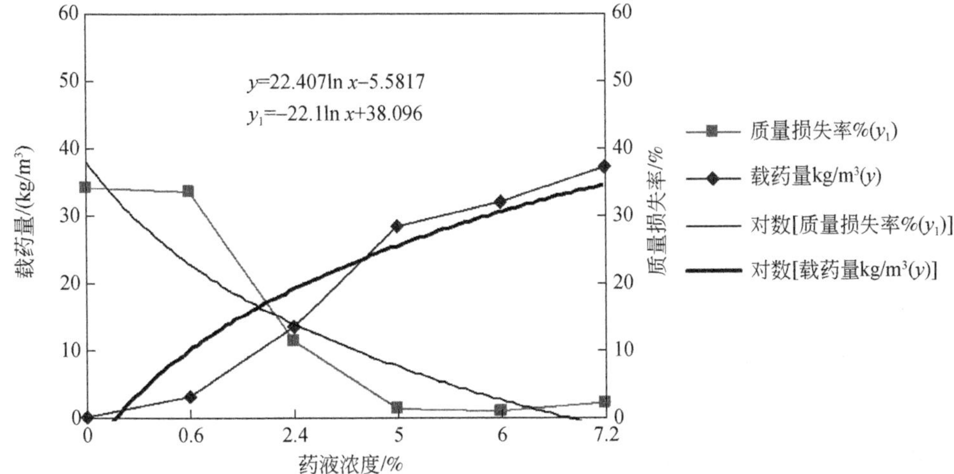

图 7-3　对氯肉桂醛浓度与载药量和质量损失率的关系图(对密粘褶菌)

由表 7-5 和图 7-4 可以看出,随着肉桂醛二乙缩醛药液浓度的增大,试样上防腐剂的载药量逐渐增大,而试样质量损失率逐渐减少。当药液浓度为 2.4% 时,试样耐腐等级达到Ⅱ级;但当药液浓度继续增加至 7.2 时,试样的耐腐等级并没有明显变化,均维持在Ⅱ级耐腐等级。

表 7-5　肉桂醛二乙缩醛对密粘褶菌的抑菌性能

药物浓度/%	防腐剂的载药量/(kg/m³)	质量损失率/%	耐腐等级
0	0	34.10	Ⅲ
0.6	3.16	30.28	Ⅲ
2.4	12.21	19.58	Ⅱ
5.28	30.36	18.41	Ⅱ
6	34.76	15.70	Ⅱ
7.2	39.66	15.28	Ⅱ

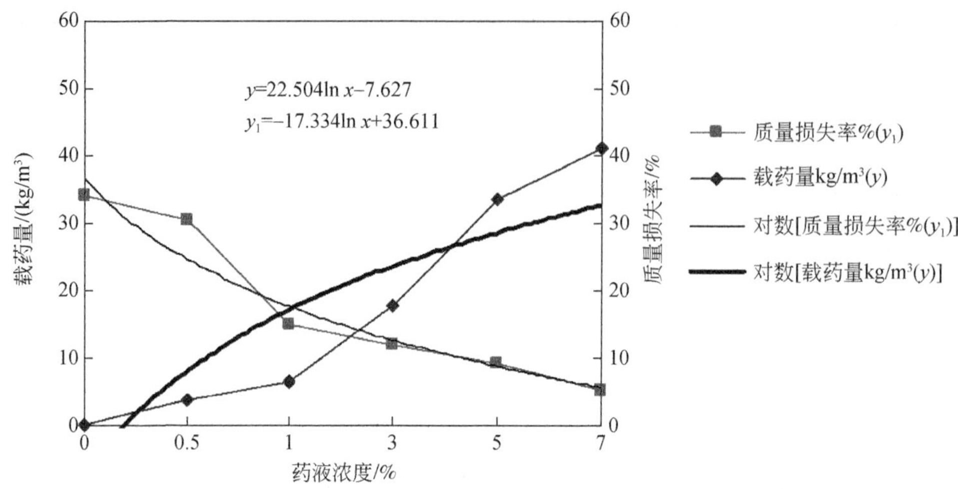

图 7-4　肉桂醛二乙缩醛浓度与载药量和质量损失率的关系图(对密粘褶菌)

由表 7-6 和图 7-5 可以看出,随着 *N*,*N*-二反式对氯肉桂醛-1,2-乙二胺席夫碱药液浓度的增大,试样上防腐剂的载药量逐渐增大,而试样质量损失率逐渐减少。当药液浓度为 6.0% 时,试样耐腐等级达到 Ⅱ 级;当药液浓度为 10.8% 时,试样耐腐等级达到 Ⅰ 级。

表 7-6　*N*,*N*-二反式对氯肉桂醛-1,2-乙二胺席夫碱对密粘褶菌的抑菌性能

药物浓度/%	防腐剂的载药量/(kg/m³)	质量损失率/%	耐腐等级
空白	0	34.10	Ⅲ
0.6	3.14	25.18	Ⅲ
2.4	12.93	23.60	Ⅲ
6.0	29.48	11.77	Ⅱ
8.64	50.81	10.5	Ⅱ
10.8	66.45	2.14	Ⅰ

在木块防腐实验中,5 种防腐剂对密粘褶菌均有较好的抑菌效果,随着药液浓度的增加,试样质量损失率降低。从试样药液浓度和质量损失率两方面综合考虑可见,肉桂醛在浓度为 3.84% 时达到 Ⅱ 级耐腐,6% 以上时达到 Ⅰ 级耐腐。而肉桂酸浓度为 1% 时耐腐等级即可达到 Ⅱ 级以上,5% 以上时可达到 Ⅰ 级耐腐;对氯肉桂醛在浓度为 2.4% 时可达到 Ⅱ 级耐腐,5% 以上时达到 Ⅰ 级耐腐,防腐效果略逊于肉桂酸,但两者防腐效果相差不大,且两者均优于肉桂醛;肉桂醛二乙缩醛虽然也在 2.4% 达到 Ⅱ 级防腐,但是随着药液浓度的增加,防腐效果并没有继续加强,

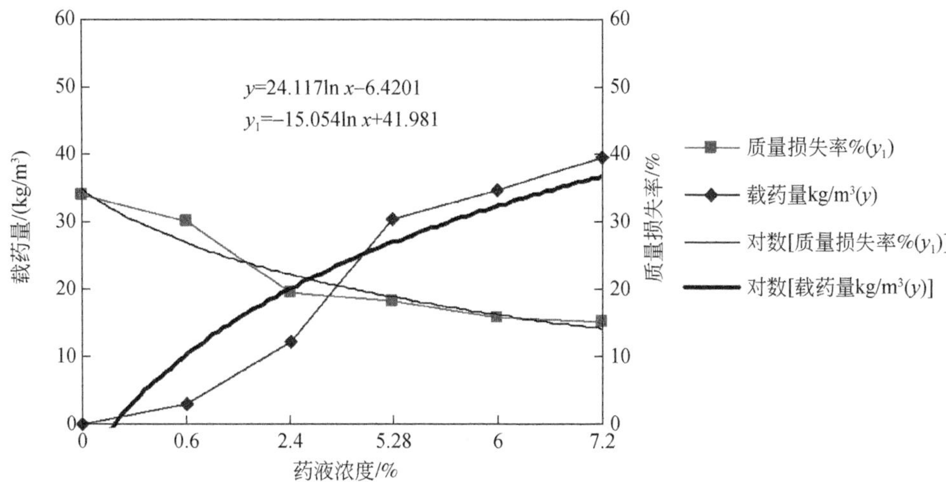

图7-5 N,N-二反式对氯肉桂醛-1,2-乙二胺席夫碱浓度与载药量和质量损失率的关系图(对密粘褶菌)

均保持在Ⅱ级防腐以内;N,N-二反式对氯肉桂醛-1,2-乙二胺席夫碱在浓度6%时才实现Ⅱ级耐腐,10%时才达到Ⅰ级耐腐。可见,肉桂醛二乙缩醛和N,N-二反式对氯肉桂醛-1,2-乙二胺席夫碱的耐腐能力均弱于前三者。

7.1.2 肉桂醛类化合物对白腐菌的抗腐朽能力

表7-7~表7-11是几种防腐剂对彩绒革盖菌抑制性能。图7-6~图7-10是几种防腐剂的药液浓度与载药量和质量损失率的关系图(对彩绒革盖菌)。

由表7-7中数据可知,随着载药量的增加,肉桂醛对木块的防腐性能也随之提高。在浓度为2.4%以上时,对木材的防腐等级达到Ⅱ级耐腐,在6%时达到Ⅰ级耐腐。

表7-7 肉桂醛处理材对彩绒革盖菌的耐腐性能

药物浓度/%	防腐剂的载药量/(kg/m³)	质量损失率/%	耐腐等级
0	0	35.29	Ⅲ
0.6	3.24	33.28	Ⅲ
2.4	11.59	25.36	Ⅱ
3.84	19.05	17.45	Ⅱ
4.2	20.18	14.32	Ⅱ
6.0	32.06	7.65	Ⅰ

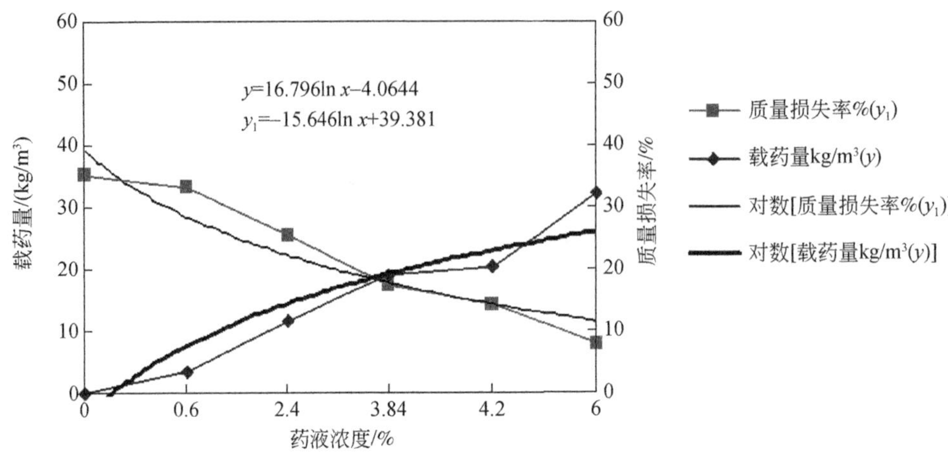

图 7-6　肉桂醛药液浓度与载药量和质量损失率的关系图(对彩绒革盖菌)

由表 7-8 数据可知,肉桂酸药液浓度增大,对木块的防腐效果越好。当浓度达到 1% 时达到Ⅱ级耐腐,当浓度达到 5% 以上时达到Ⅰ级耐腐。

表 7-8　肉桂酸处理材对彩绒革盖菌的耐腐性能

药物浓度/%	防腐剂的载药量/(kg/m^3)	质量损失率/%	耐腐等级
空白	0	35.29	Ⅲ
0.5	3.25	31.33	Ⅲ
1	6.21	17.11	Ⅱ
3	16.67	12.15	Ⅱ
5	32.85	8.08	Ⅰ
7	40.01	4.34	Ⅰ

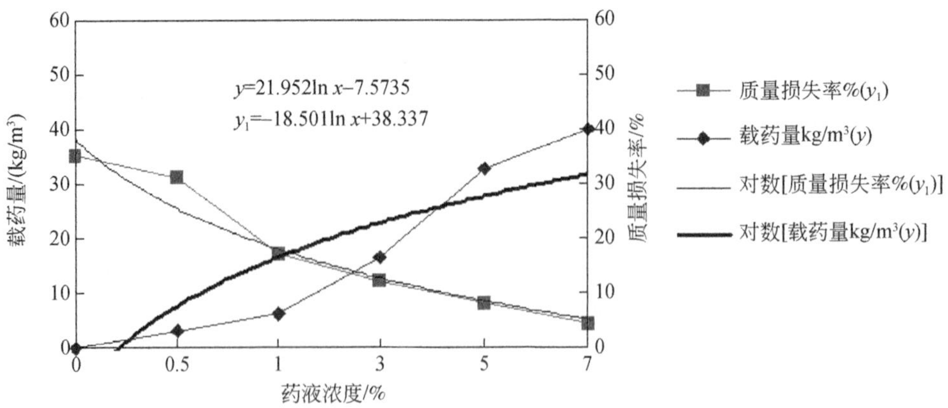

图 7-7　肉桂酸药液浓度与载药量和质量损失率的关系图(对彩绒革盖菌)

由表 7-9 中数据可知,对氯肉桂醛药液浓度增大,载药量增加,对木块的防腐效果增加。当浓度为 2.4%,载药量为 12.88kg/m³时,达到Ⅱ级耐腐,当浓度为 7.2%,载药量为 40.59kg/m³时,达到Ⅰ级耐腐。

表 7-9　对氯肉桂醛处理材对彩绒革盖菌的耐腐性能

药物浓度/%	防腐剂的载药量/(kg/m³)	质量损失率/%	耐腐等级
0	0	35.29	Ⅲ
0.6	3.14	30.12	Ⅲ
2.4	12.88	24.16	Ⅱ
5.0	27.47	15.20	Ⅱ
6	32.22	12.31	Ⅱ
7.2	40.59	5.50	Ⅰ

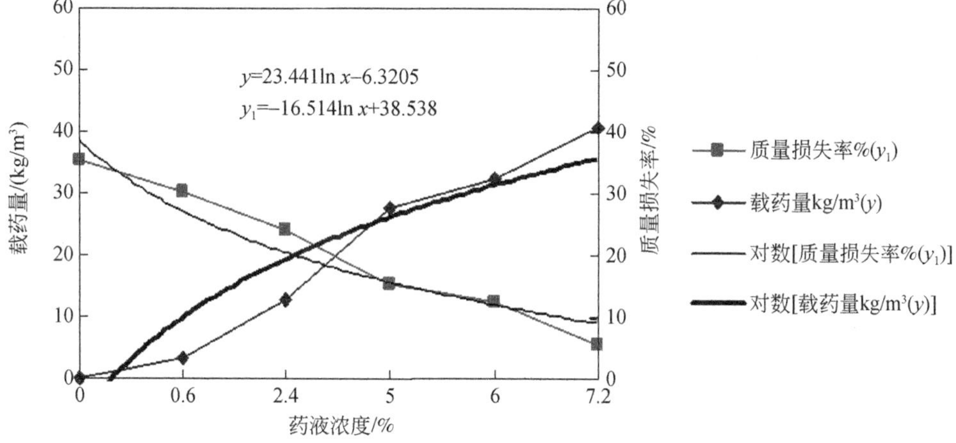

图 7-8　对氯肉桂醛药液浓度与载药量和质量损失率的关系图(对彩绒革盖菌)

由表 7-10 中数据可知,肉桂醛二乙缩醛药液浓度增加,载药量增大,对木块的防腐性能增加。当药液浓度为 5.28% 以上时,可达到Ⅱ级耐腐;但是随着浓度继续增大,防腐性能并没有继续增强。可见,肉桂醛二乙缩醛对彩绒革盖菌的抑菌性能稍弱。

表 7-10　肉桂醛二乙缩醛对彩绒革盖菌的抑菌性能

药物浓度/%	防腐剂的载药量/(kg/m³)	质量损失率/%	耐腐等级
0	0	35.29	Ⅲ
0.6	3.45	33.56	Ⅲ

续表

药物浓度/%	防腐剂的载药量/(kg/m³)	质量损失率/%	耐腐等级
2.4	12.94	31.62	Ⅲ
5.28	26.28	17.31	Ⅱ
6	31.41	15.32	Ⅱ
7.2	32.02	14.25	Ⅱ

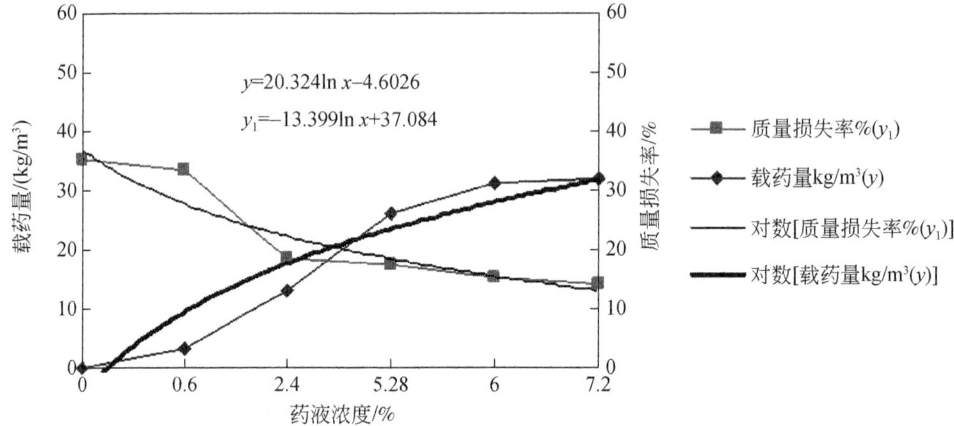

图 7-9 肉桂醛二乙缩醛药液浓度与载药量和质量损失率的关系图(对彩绒革盖菌)

由表 7-11 中数据可知,随着载药量的增加,木块的质量损失率随之降低。当浓度为 6.0% 以上,载药量在 27.06kg/m³时,耐腐等级达到Ⅱ级。

表 7-11 *N*,*N*-二反式肉桂醛-1,2-乙二胺席夫碱处理材对彩绒革盖菌的耐腐性能

药物浓度/%	防腐剂的载药量/(kg/m³)	质量损失率/%	耐腐等级
0	0	35.29	Ⅲ
0.6	2.7	32.18	Ⅲ
2.4	11.7	30.19	Ⅲ
6.0	27.06	13.28	Ⅱ
8.64	41.68	12.3	Ⅱ
10.8	54.71	3.65	Ⅰ

从 5 种化合物的处理材对彩绒革盖菌的抑菌结果来看,这 5 种化合物对木块均起到不同程度的保护作用。其中肉桂醛、对氯肉桂醛和肉桂酸对彩绒革盖菌的抑菌效果要优于肉桂醛二乙缩醛和 *N*,*N*-二反式肉桂醛-1,2-乙二胺席夫碱。

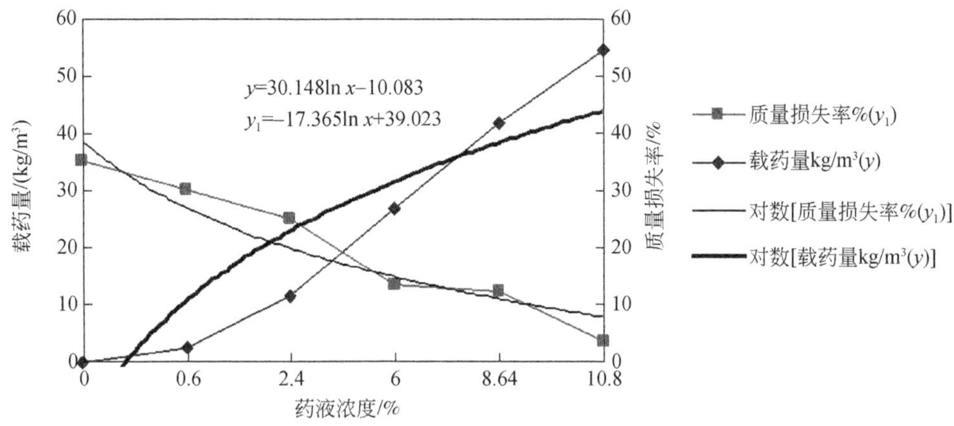

图 7-10　*N*,*N*-二反式肉桂醛-1,2-乙二胺席夫碱药液浓度与载药量和质量损失率的关系图(对彩绒革盖菌)

7.1.3　肉桂醛类化合物对黑曲霉的防霉能力

按照《中华人民共和国林业行业标准——防霉剂防治木材霉菌及蓝变菌的试验方法》(GB/T 18261—2000)的方法测试用肉桂醛类化合物处理大青杨后对黑曲霉(*Aspergillus niger*)和桔青霉(*Penicillium citrinum*)的抗霉效果[142],试材规格为5cm×3cm×1cm。

1. 防霉实验方法

(1)试样处理

用无水乙醇将每种防霉剂配制三个梯度浓度的药液:2%、4%、8%;空白参照为无菌水和无水乙醇。每一个浓度用 6 块试样,分 3 组平行,每个平行 2 块试样,采用冷浸法浸泡木块。将同一组试样放在烧杯中井字形堆放,重物压顶,防止浮动,倒入药液,液面高出材堆顶面 2cm,浸渍 1min 后取出,擦掉表面流动水分。将经药液冷浸处理后的试样放入灭菌好的培养皿中,盖好培养皿,在超净工作台上放置 6h,待用。

(2)试样接菌与培养

在一个培养皿中放同样直径大小的 2 张滤纸,加入 5mL 蒸馏水,然后放上 2 块塑料筛网(以免木块直接接触湿润的滤纸),蒸气灭菌锅内在 121℃、0. 1MPa 的条件下灭菌 30min;将药液处理后的木片放入培养皿中,在 6h 内将制备好的霉菌悬浮液喷洒在木块上两次,上下底面各一次。培养约 12h 以后,将培养皿用蜡膜封上,防止水分蒸干,然后放在培养箱中培养约两个星期后观察现象。

(3)实验结果评价标准

等级评定标准见表 7-12。

表 7-12 防霉性等级评定标准

被害值	试菌感染面积及蓝变程度
0	试样表面无菌丝,内部及外部颜色均正常
1	试样表面感染面积<1/4,内部颜色正常
2	试样表面感染面积 1/4 ~ 1/2,内部颜色正常
3	试样表面感染面积 1/2 ~ 3/4,或内部蓝变面积<1/10
4	试样表面感染面积>3/4,或内部蓝变面积>1/10

2. 肉桂醛类化合物处理材对黑曲霉防霉能力

表 7-13 和图 7-11 分别为防霉剂对黑曲霉的防霉结果和抑制效果图片。由表 7-13 实验结果可知,无水乙醇空白和无菌水空白被害值为 4,说明供试菌种活性符合要求,并且使用乙醇为溶剂对实验结果无影响。木材试样经 5 种化合物处理后均有一定的防霉作用,且随着药液浓度的增大,木材试样受黑曲霉侵害的被害值降低,防霉效果越显著;从防霉等级来看,相同浓度下的对氯肉桂醛与肉桂醛的防腐等级相当,均在浓度为 4% 时被害值由 4 降到 2,在浓度为 8% 时被害值由 2 降为 1。其余 3 种化合物的防霉效果均弱于肉桂醛,被害值均在 2 以上。

由图 7-11 防霉剂对黑曲霉的防霉效果图片,可以更直观地看到各种药物的防霉效果。

表 7-13 防霉剂对黑曲霉的防霉结果

化合物	药物浓度/%	感染面积/%	被害值
无菌水	0	85	4
无水乙醇	0	85	4
肉桂醛	2	80	4
	4	30	2
	8	5	1
对氯肉桂醛	2	70	4
	4	40	2
	8	5	1

续表

化合物	药物浓度/%	感染面积/%	被害值
肉桂酸	1	90	4
	3	70	3
	5	60	3
肉桂醛二乙缩醛	2	75	4
	4	50	3
	8	30	2
N,*N*-二反式对氯肉桂醛-1,2-乙二胺席夫碱	2	90	4
	4	60	3
	8	40	2

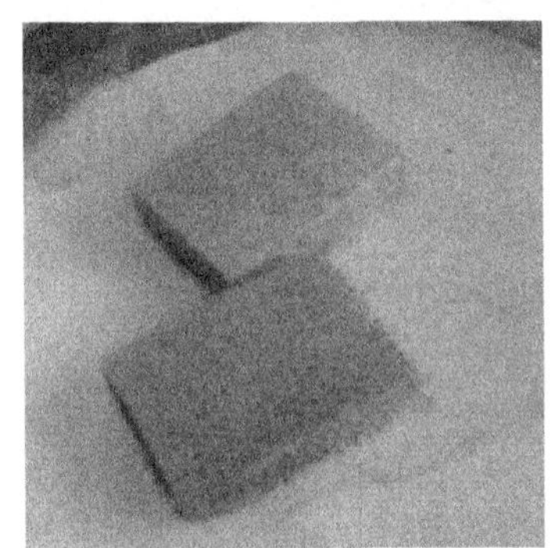

空白试样(黑曲霉，无菌水)

空白试样(黑曲霉，无水乙醇)

肉桂醛(2%)

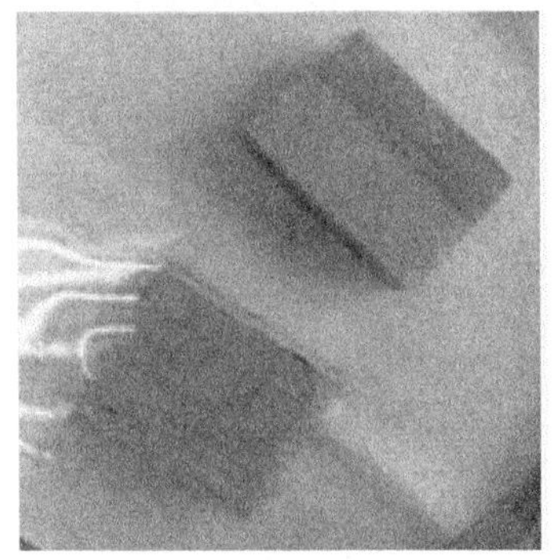

肉桂醛(8%)

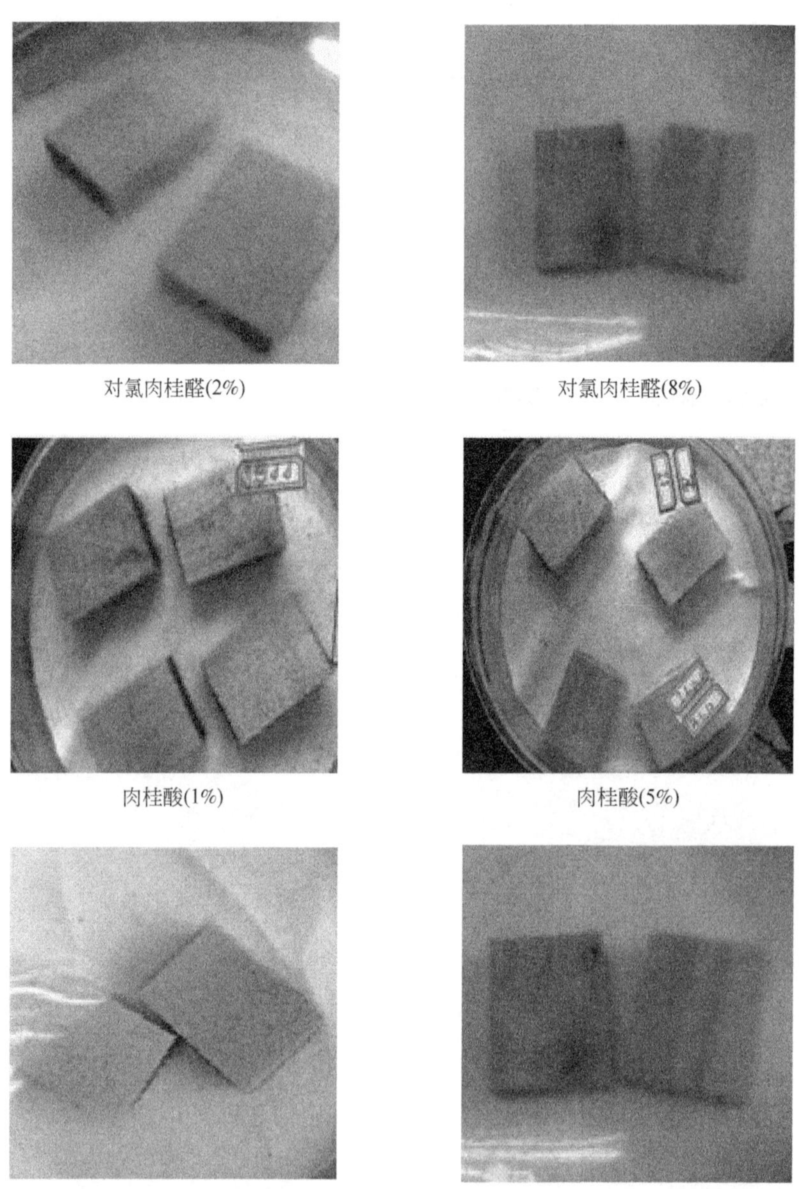

对氯肉桂醛(2%)　　对氯肉桂醛(8%)

肉桂酸(1%)　　肉桂酸(5%)

N, *N*-二反式对氯肉桂醛-1, 2-乙二胺席夫碱(2%)　　*N*, *N*-二反式对氯肉桂醛-1, 2-乙二胺席夫碱(8%)

图 7-11　防霉剂对黑曲霉的防霉效果

7.1.4　肉桂醛类化合物对桔青霉的防霉能力

表 7-14 和图 7-12 分别为防霉剂对桔青霉的防霉结果和抑制效果图片。从表 7-14 可知,使用无菌水和无水乙醇处理的空白试样桔青霉生长旺盛,感染面积

达到 90%，被害值均为 4，用乙醇作为化合物的溶剂对实验结果无影响。从表 7-14 的防霉结果来看，对氯肉桂醛与肉桂醛的防霉效果相当，都具有较强的防桔青霉活性，在浓度为 2% 时即能使被害值降为 1。其余 3 种防霉剂对桔青霉的抑制作用稍弱于肉桂醛，但是效果均优于其对黑曲霉的抑制。从抑菌图片中可以更加直观地反映对桔青霉的生长抑制情况。

表 7-14　防霉剂处理材对桔青霉的防霉结果

化合物	药物浓度/%	感染面积/%	被害值
无菌水	0	90	4
无水乙醇	0	95	4
肉桂醛	2	10	1
	4	5	1
	8	0	0
肉桂酸	1	95	4
	3	40	2
	5	10	1
对氯肉桂醛	2	20	1
	4	10	1
	8	0	0
肉桂醛二乙缩醛	2	40	2
	4	20	1
	8	10	1
N,*N*-二反式对氯肉桂醛-1,2-乙二胺席夫碱	2	60	3
	4	40	2
	8	20	1

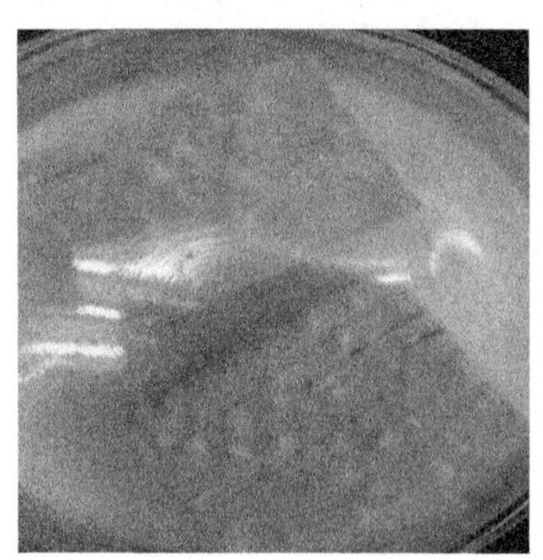

空白试样(桔青霉，无菌水)

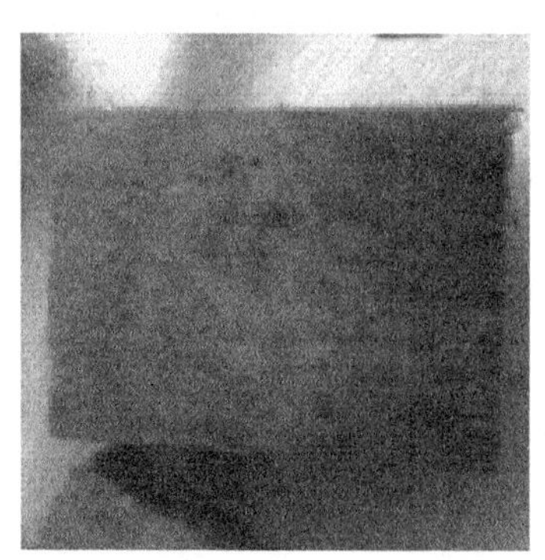

空白试样(桔青霉，无水乙醇)

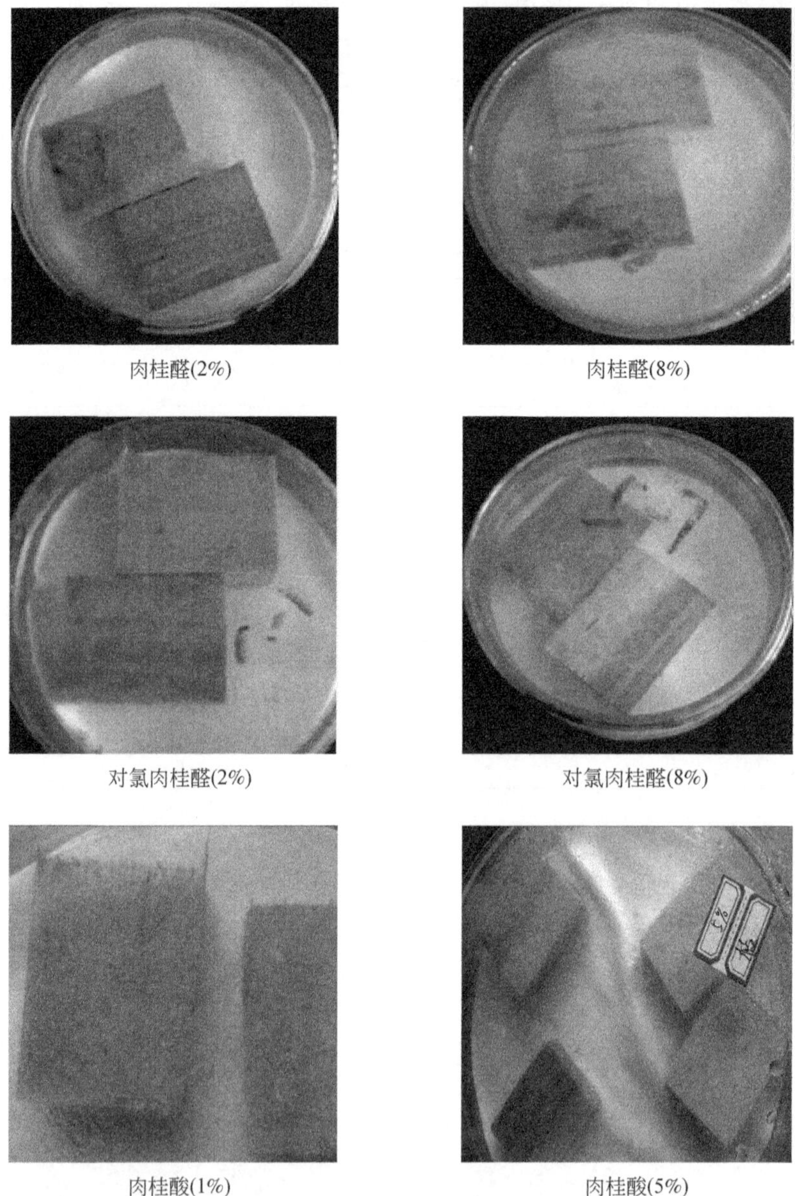

肉桂醛(2%)　　肉桂醛(8%)

对氯肉桂醛(2%)　　对氯肉桂醛(8%)

肉桂酸(1%)　　肉桂酸(5%)

图 7-12　防霉剂对桔青霉的防霉效果

综上所述,肉桂醛这 5 种类似物对木材霉菌黑曲霉和桔青霉也具有较好的抑制作用,能够有效地防止木材发生霉变。其中,对氯肉桂醛与肉桂醛的防霉效果相当,优于其余三者。

7.2 肉桂醛-氨基酸席夫碱在抑菌食品包装方面的应用

一些带有微生物的食品可能缩短食品的货架期,增加食品的致病风险。因此应该采取有效的方式阻止食品腐烂,抗菌包装是一种有效的方法。抑菌食品包装保护食品等物质,避免继续腐烂降低微生物继续生长带来的危险。通常,直接将具有抗菌性能的活性物质在包装材料处理的过程中直接混合是制备抗菌包装的主要方法。具有抗菌活性的精油作为活性物质来制备抑菌包装是近些年来研究的热点,精油的天然性更加满足消费者对安全的考虑。肉桂精油是具有抑菌活性精油的一种,其主要成分是肉桂醛,被验证能够抑制多种食物源致病菌的生长,例如大肠杆菌、金黄色葡萄球菌等。然而包括肉桂精油都含有精油作为活性添加物质所存在的弊端:精油高挥发可能造成膜自身时效降低,精油浓郁的味道可能掩盖食物本身的味道,精油类物质是一类脂溶性物质,在与膜基质材料包覆混合的时候可能出现互不相溶的现象。例如一些天然的成膜物质,都是水溶性的,与精油包覆混合的时候必须使用乳化剂才能实现。

肉桂醛-氨基酸席夫碱类化合物是一种具有优异抗菌活性相对安全的物质。该类物质避免了精油存在的问题。我们探索了一种以肉桂醛-氨基酸席夫碱为活性物质,以PVA为膜基质材料的抑菌膜(图7-13)。对膜的物理机械性质、常见食品致病菌的抑制效果等进行了测试研究。本章中并采用香蕉作为模拟食物来测试所制备的抑菌膜对食品的保护能力。

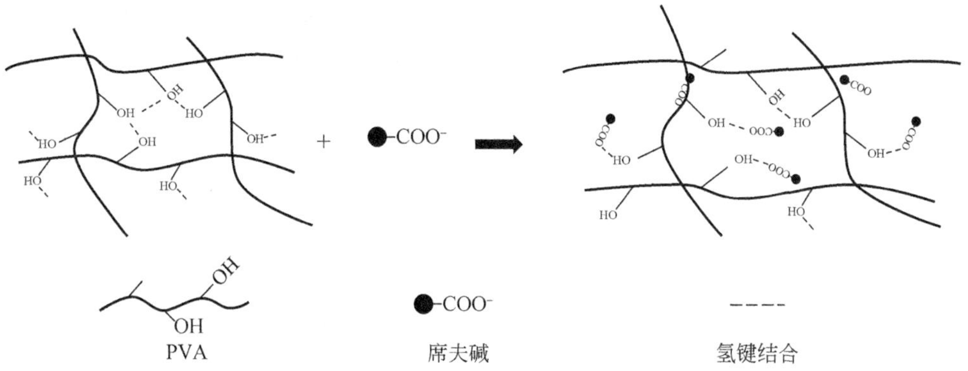

图7-13　PVA基肉桂醛-氨基酸席夫碱抑菌膜的成膜原理

7.2.1 抑菌膜的制备

以新型肉桂醛-谷氨酸席夫碱、肉桂醛-天冬氨酸席夫碱为抑菌活性物质,

PVA1750 为膜基质材料制备抑菌包装膜材料。具体方法如下：

称取 3g 的 PVA1750，加入到圆底烧瓶中，加入 100mL 的蒸馏水，浸泡 3h，然后放入水浴锅中，机械搅拌，逐渐升温至 90℃。继续搅拌 2h，直至 PVA1750 完全溶解。然后称取一定量的肉桂醛–氨基酸席夫碱，溶解于少量的蒸馏水中，倒入到 PVA1750 水溶液中继续搅拌 30min，制成的膜溶液倒入有机玻璃槽中（25cm×25cm），任其自然挥发。玻璃槽上覆盖实验室用定性滤纸以防灰尘等杂质掉入槽中。膜溶液在玻璃槽中自然干燥成膜。膜干以后剥离玻璃槽，用白色的打印纸覆盖，用玻璃板压住，放在真空干燥箱中 25℃ 干燥 24h。制成的膜按照添加抑菌物质的不同，标号为 PVA-G-0.5、PVA-G-1、PVA-G-3、PVA-G-5、PVA-G-7、PVA-A-0.5、PVA-A-1、PVA-A-3、PVA-A-5 和 PVA-A-7[143]。

7.2.2 抑菌膜性能表征方法

1. 抑菌膜抑菌性能分析

抑菌性能的表征采用生长曲线法来确定[144]。具体实验操作如下。

培养基的制备：1000mL 的水中分别加入 5g NaCl，蛋白胨 10g 和牛肉膏 5g，加热使其溶解。溶解后用氢氧化钠（NaOH）调节 pH 值，使培养基的 pH 值在 7.4～7.6 之间。然后将培养基分装在三个锥形瓶当中，用专用封口膜封口。将培养基于 120℃ 高压灭菌锅中灭菌 30min，灭菌锅的压力持续在 0.1～0.3MPa 之间。取出培养基自然冷却 24h，若 24h 后污染菌现象培养基可用。

菌的接种：在无菌操作台上，将要用到的材料全部表面紫外灭菌 20min。灭菌后用生理盐水将待测菌种制成菌悬液，制备好的菌悬液倒入培养基的锥形瓶中，封口，在 37℃ 下振荡培养 12～16h。

生长曲线的测试：测试之初，调节待测菌种的培养液，使培养液的光密度值（OD_{600}）在 0.18 左右。然后将测试的膜裁剪成 30mm×30mm，放入细菌培养液中，在 2h、4h、6h、8h、10h 分别测试培养液的 OD_{600}，以不加抑菌膜材料为对照。测试过程中，以不加抑菌膜材料的培养基为对照。每个样品平行测试三组，最终结果取三组的平均值。

2. 肉桂醛–氨基酸席夫碱化合物的迁移释放性能

欧盟法规（2011/10/EC）[145]规定可以使用食品模拟物替代真实食品来考察与食品接触材料中添加物质的迁移释放行为。根据聚乙烯醇亲水性的特性，选取模拟物 D1（95% 异辛烷，分析纯）代替油性食品。一般植物油的吸光度很大，且检测程序复杂，又或与添加物质发生化学反应，给检测带来困难。根据近年来已有的文献报道,采用 95% 的异辛烷来代替食品模拟物(植物油)。

将膜裁剪成 4cm×4cm 的正方形,50℃条件下真空干燥 24h 备用。将铝箔纸包裹的样品瓶中加入 30mL 的模拟液 D1,然后将膜放到样品瓶中,旋紧瓶盖,避光保存在恒温培养箱中。间隔一定的时间测试模拟液中活性物质的释放量,每组样品平行测试三组,取平均值为最终结果。

肉桂醛-氨基酸席夫碱标准溶液的配置:分别准确称取 0.005g 的肉桂醛-谷氨酸席夫碱和肉桂醛-天冬氨酸席夫碱,溶于 D1 模拟液中,然后定容到 50mL,配置成 0.1mg/mL 的标准溶液。随后将标准溶液稀释成 80μg/mL、60μg/mL、40μg/mL、20μg/mL、10μg/mL、8μg/mL、6μg/mL 的梯度标准溶液。用紫外分光光度计测试各个梯度标准溶液在 283nm 处的吸光度值,并绘制两种添加物质在 90% 异辛烷模拟液中的标准曲线。标准曲线方程分别为:

$$y=0.00837x+0.0082, R^2=0.9954 \text{(肉桂醛-谷氨酸席夫碱)}$$

$$y=0.5505x+0.0273, R^2=0.9980 \text{(肉桂醛-天冬氨酸席夫碱)}$$

3. 香蕉保护实验

从市场上购买新鲜的香蕉,挑选出大小一致,无黑色斑点的香蕉待用。将制备好的成膜溶液用刷子均匀涂抹于香蕉表面,分两次涂抹。然后放置在室温条件下进行实验观察五天,拍照记录其实验结果。测试期间温度为 19℃,平均湿度为:11%。涂抹 PVA 溶液作为对照,未做任何处理的香蕉作为空白对照。

4. 膜透明度

膜的透明度采用紫外分光光度计进行测试。测试方法如下:将膜裁剪成 10mm×50mm 的长条状,放入紫外分光光度计的比色皿里。然后进行全波长扫描(200 ~ 800nm)测试膜的透过率[144]。

5. 膜的紫外屏蔽性

将维生素 E(生物级)配成 40ppm 的环已烷溶液,分别取 3mL 装在两个比色皿中。其中一个比色皿用制备好的抑菌膜包裹,不被抑菌膜包裹的比色皿作为对照。将两支比色皿放在暗箱中,用 257nm 的紫外灯照射。紫外光照射不同的时间测试比色皿中维生素 E 环已烷(分析纯)的溶液在 200 ~ 600nm 范围内的吸光度值,根据维生素溶液紫外光谱的变化来表征维生素 E 的结构是否被破坏(图 7-14)。紫外测试时以环已烷溶液作为光谱对照。

6. 膜颜色分析

膜的色差采用日本公司的仪器进行测试。测试中采用一个白色的板作为标准

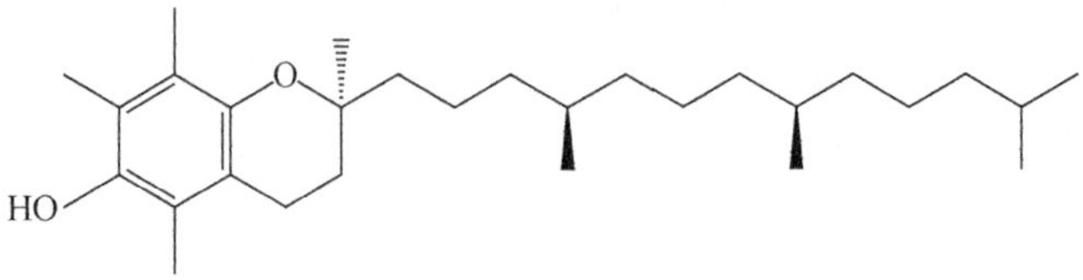

图 7-14　维生素 E 的主要成分(α-生育酚)

背景板,该白色的标准板的 L、a、b 分别为 $L=91.42$、$a=-1.37$、$b=3.02$。每种膜平行测试 5 组,亨特指数取五个数据的平均值。总色差根据下式计算得到[146]:

$$\Delta E=\sqrt{\Delta L^2+\Delta a^2+\Delta b^2} \tag{7-3}$$

式中,ΔL、Δa、Δb 分别为膜的亨特指数与标准背景板亨特指数的差值。

7. 膜表面形貌分析(SEM)

将待测样品放于真空干燥箱中干燥 24h。测试样品的制备:将测试膜粘于 SEM 的样品台上,用于观察表面形貌的样品取膜的正反面各粘一片。采用液氮低温脆断的方法得到膜的断面,粘于样品台上,将断面朝上,用于观察[147]。所有样品在测试前表面进行喷金处理,所有样品在严格的真空条件下测试,测试条件为 15kV。

8. 膜机械性能的测试

抑菌膜机械性能的测试参照国家标准,测试抑菌膜的拉伸强度和断裂伸长率[85]。拉伸强度的测试是将薄膜剪成 10mm×100mm 的长条状,每种膜材料平行测试五组。测试前将裁好的条状膜材料放在装有饱和氯化镁 $MgCl_2$ 溶液的干燥器中,平衡水分 24h。机械性能测试过程采用拉伸速度为 50mm/min,夹具间距离为 50mm。拉伸力值为 0.1N。每个测试膜样品测试 5 个以上的平行样品,结果取平均值。

9. 膜透湿性测试

抑菌膜的透湿性测试方法根据 GB 1037—88 杯式法进行[148]。测试膜的阻湿性能包括水蒸气透过量(WVT)和水蒸气透过系数(WVP)。采用 100mL 的锥形瓶替代透湿杯。有效面积为 28.26cm^2。无水氯化钙(粒度为 0.60 ~ 2.36mm 之间)作为干燥介质提供 RH=0% 的环境。在使用前,无水氯化钙放在 200℃ 的烘箱中干燥 2h。根据标准,密封蜡配方采用 85% 石蜡和 15% 的蜂蜡混合物。膜测试前在 75% 相对湿度环境中平衡水分 24h。具体的实验操作如下:

将 30g 的无水氯化钙($CaCl_2$)加入测试用的锥形瓶中,放入 200℃ 的烘箱中烘干2h。烘干结束后将锥形瓶放于干燥器中冷却30min。将裁剪好的测试膜盖在锥形瓶口上方,并用预先配置好的蜂蜡封口,确保不透气。蜂蜡封口的锥形瓶称重记录初始重量,放置在26℃,相对湿度为65%的培养箱中36h,再次称重记录。每个样品平行测试三组,测试结果取平均值。抑菌膜的透湿性按照以下公式计算:

$$\mathrm{WVP}=\frac{\mathrm{WVTR}\times D}{\Delta P}=\frac{\mathrm{WVTR}\times D}{S\times(\mathrm{RH}_1-\mathrm{RH}_2)} \tag{7-4}$$

式中,WVP为水蒸气的透过系数($g\cdot m\cdot m^{-2}\cdot s^{-1}\cdot Pa^{-1}$);

WVTR为水蒸气透过率,$g/(m^2\cdot d)$;

D为膜的厚度;

ΔP为测试膜两侧的水蒸气压差;

S为测定温度下水的饱和蒸气压(Pa);

RH_1为测试膜外边的相对湿度;

RH_2为锥形瓶里的相对湿度。

10. 膜的透气性

根据国家标准GB-T 1038进行测试[143]。将膜裁剪成直径为55mm的圆形,每种测试膜裁剪三片。裁剪好的膜放置在饱和氯化镁溶液中平衡水分24h,然后用螺旋测微计取多个点测试膜的厚度。最后按照仪器操作方法,将膜放到样品槽中采用压差法气体渗透仪测试膜透过CO_2性。测试条件为:上下腔脱气6~12h,测试压力范围为0~20MPa。

11. 数据处理

机械性能测试、色差测试和水蒸气透过系数测试都平行测定五组。实验数据取平均值±标准方差。抑菌实验、透光率实验平行测定三组,实验数据处理同其他测试一样。

7.2.3　抑菌膜的性能

1. 抑菌性能

大肠杆菌和金黄色葡萄球菌是常见的食品致病菌,所以在本章中大肠杆菌和金黄色葡萄球菌被选为测试菌种来测试抑菌膜的抑菌能力[149]。实验采用生长曲线法来表征液体培养基中菌落的数量。随着时间的增长,液体培养基中活菌的数量不断增长,以600nm处的吸光度为基准来比较。两种抑菌膜(席夫碱含量7%)对大肠杆菌和金黄色葡萄球菌生长曲线的抑制效果如图7-15所示。在实验过程中,用培养基稀释含有菌种培养液使最初的光密度值(OD_{600})均为 0.18,确保培养液中的活菌的数量一致。然后在测试样品瓶中加入一定大小的抑菌膜,继续振荡培养,不加抑菌膜的培养液为对照样,每两个小时测试活菌数量。从图 7-15 可以看出,2h 以后所有的测试样品的活菌数量低于对照样活菌数量,说明大肠杆菌和金黄色葡萄球菌的生长得到了抑菌膜中活性物质的抑制。随着时间的增长,对照样和测试样的活菌数量差别越来越大,说明随着活性物质的释放量的增加,两种菌的生长得到了更大的抑制。

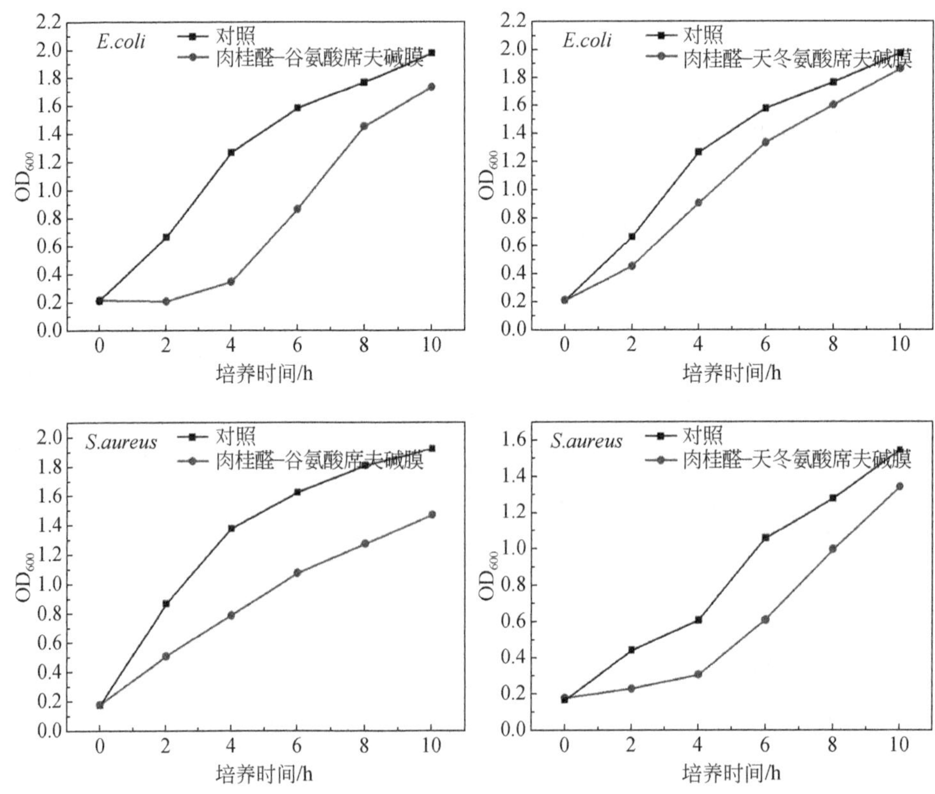

图 7-15　肉桂醛-氨基酸席夫碱抑菌膜对大肠杆菌、金黄色葡萄球菌的抑制效果

对比两种不同的席夫碱抑菌膜,肉桂醛-谷氨酸席夫碱抑菌膜表现出了对大肠杆菌和金黄色葡萄球菌更强的抑制能力。这样的结果与第 2 和第 4 章中对肉桂醛-谷氨酸席夫碱和肉桂醛-天冬氨酸席夫碱的抑菌结果一致。

2. 抑菌活性物质的迁移性

图 7-16 为肉桂醛-谷氨酸席夫碱抑菌膜和肉桂醛-天冬氨酸席夫碱抑菌膜中活性添加物质在 95% 异辛烷中的释放迁移规律。如图 7-16 所示,两种膜中活性物

质在 95% 的异辛烷中几乎不释放。

肉桂醛-天冬氨酸席夫碱抑菌膜在测试的 11 天中检测不到活性物质的释放。肉桂醛-谷氨酸席夫碱抑菌膜在测试第 4 天检测到活性物质的释放，在测试的第 10 天，其释放率也只有 0.65%，非常缓慢且较低的释放行为。从而可以看出制备的两种抑菌膜在植物油替代物异辛烷中几乎不迁移。

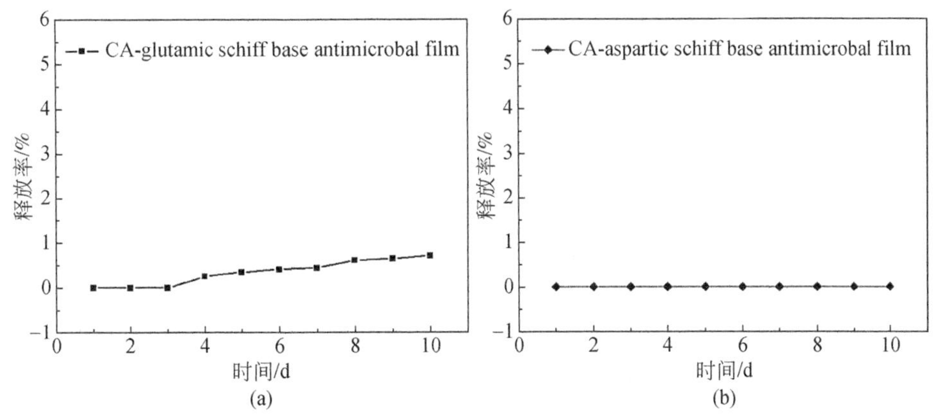

图 7-16　抑菌膜中肉桂醛-氨基酸席夫碱化合物的迁移性(95% 异辛烷)

(a) 肉桂醛-谷氨酸席夫碱抑菌膜中活性物质的释放规律；(b) 肉桂醛-天冬氨酸席夫碱抑菌膜中活性物质的释放规律

3. 对水果的保护性能

以香蕉作为模拟物来表征抑菌膜对食品的保护能力，延长食品的货架期。香蕉是日常生活中常见水果，非常容易变黑长斑进而腐烂变质，已有很多文献报道使用香蕉作为模拟物来表征包装材料的抑菌性能。从市场上购买新鲜无斑点的香蕉，分别涂抹含有肉桂醛-谷氨酸席夫碱和肉桂醛-天冬氨酸席夫碱的 PVA 溶液，不添加活性物质的 PVA 溶液作为对照。涂抹过后的香蕉自然晾干，成膜溶液在香蕉表面形成一层薄薄的膜，起到了保护香蕉，抑制香蕉表面的微生物的生长，防止香蕉进一步腐烂。涂抹过后的香蕉在室温条件下放置 1 ~ 6 天，平均温度为 19℃，平均相对湿度为 10%，香蕉形貌变化如图 7-17 所示。图中新鲜的香蕉随着放置时间的增长出现黑斑，大面积的变成褐色。然而涂抹过 PVA 及含有活性添加物质的香蕉出现黑斑的次数明显的变慢，即使在测试的最后一天，涂抹活性物质 PVA 溶液的香蕉仅出现了少量的黑斑，尤其是涂抹肉桂醛-谷氨酸席夫碱 PVA 溶液的香蕉[图 7-17(d)]，在观测第六天时仍然看上去很新鲜，很有光泽。以香蕉上出现黑斑面积作为对比参照，图中香蕉上黑斑数量大小顺序依次为(d)<(c)<(b)<(a)。该研究表明，新制备的两种抑菌膜可能对香蕉表面有很好的保护作用，抑制了香蕉

表面微生物的继续生长。

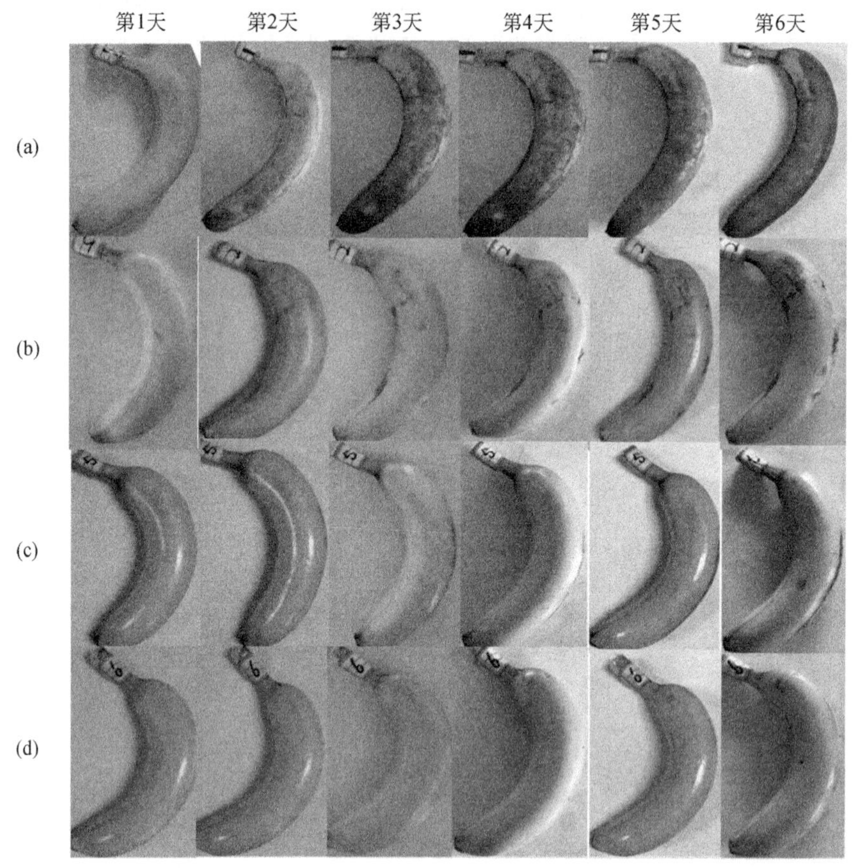

图 7-17　涂抹 PVA 保护液的香蕉形貌图

(a)不涂;(b)涂抹 PVA 溶液;(c)涂肉桂醛-天冬氨酸席夫碱 PVA 溶液;(d)涂肉桂醛-谷氨酸席夫碱 PVA 溶液

4. 抑菌膜的透光性能

膜的透光性是食品包装材料一个重要的性质,因为膜的透光性直接影响了被包装物体颜色的表现。膜材料的光透过性(200 ~ 800nm)采用紫外分光光度计来表征,抑菌膜的光透过性如图 7-18 所示。从图中可以看出,肉桂醛-谷氨酸席夫碱和肉桂醛-天冬氨酸席夫碱的添加都对膜的透光性有一定的影响。在可见光范围内(400 ~ 800nm),以 600nm 处的作为对比标准,对照的 PVA 空白膜在 600nm 处的透光率达到了 91.4%。当加入两种席夫碱后,抑菌膜的透光性仍然很好,即使肉桂醛-谷氨酸席夫碱的添加量为 7%,透光率降到了最小,仍可达到 75% 可以满足实际的需求。随着肉桂醛-氨基酸席夫碱的添加量的增加,膜的透光率是减少的。

对比图可以发现,肉桂醛-天冬氨酸席夫碱的添加量对膜透过率的影响较小。这可能是因为两种物质自身的颜色造成的。肉桂醛-天冬氨酸席夫碱是浅黄色,而肉桂醛-谷氨酸席夫碱都为橘黄色。在紫外区(190～400nm),肉桂醛-氨基酸席夫碱的加入大大降低了膜在紫外区的透过率,最低降到了 0,这表明新制备的抑菌膜具有一定的紫外屏蔽作用[145]。

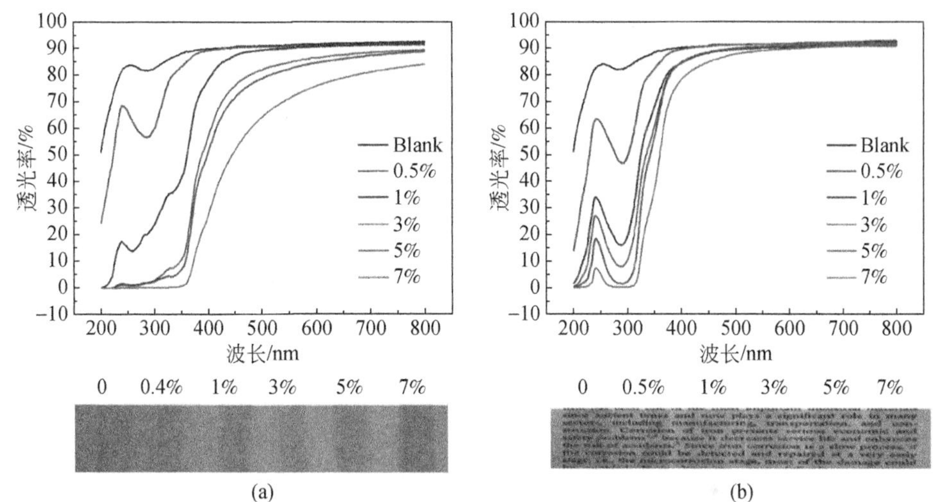

图 7-18　肉桂醛-氨基酸席夫碱抑菌膜的透光性及实物图

(a)肉桂醛-谷氨酸席夫碱抑菌膜;(b)肉桂醛-天冬氨酸席夫碱抑菌膜

5. 抑菌膜的紫外屏蔽性能

维生素 E 是脂溶性维生素,其分解产物为生育酚,是一种常用的抗氧化剂。维生素对紫外光、碱等非常敏感,容易氧化破坏其结构。可以维生素 E 作为模拟物来表征肉桂醛-氨基酸席夫碱抑菌膜的紫外屏蔽作用。在没有保护措施条件下,维生素 E 溶液在紫外光中长期暴露会造成维生素 E 的结构破坏,从而导致维生素 E 的紫外光谱出现变化。如图 7-19 所示,维生素的紫外光谱图随着暴露时间的延长出现了明显的变化,226nm 处的吸收峰逐渐增强,而 296nm 处的吸收峰逐渐减弱。

将装有维生素 E 的容器用所制备的肉桂醛-氨基酸席夫碱抑菌膜包裹以后,再次将其暴露于紫外光中。由图 7-20 可以看出,维生素 E 溶液的紫外光谱图几乎没有变化,说明肉桂醛-氨基酸席夫碱抑菌膜具有很好的紫外屏蔽作用。

6. 抑菌膜的颜色差异

包装膜的颜色影响包装产品外观,也影响消费对产品的认可,因此必须对肉桂

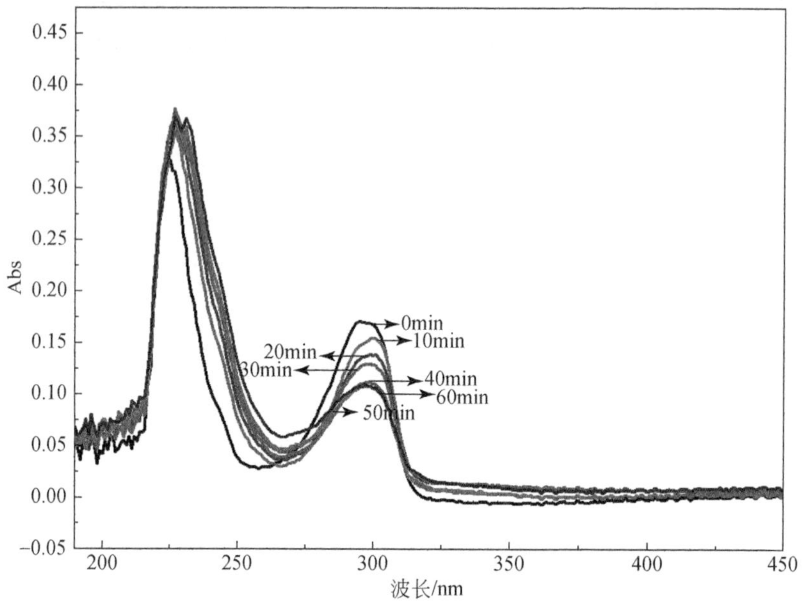

图 7-19 维生素 E 暴露在紫外光下不同时间光谱变化

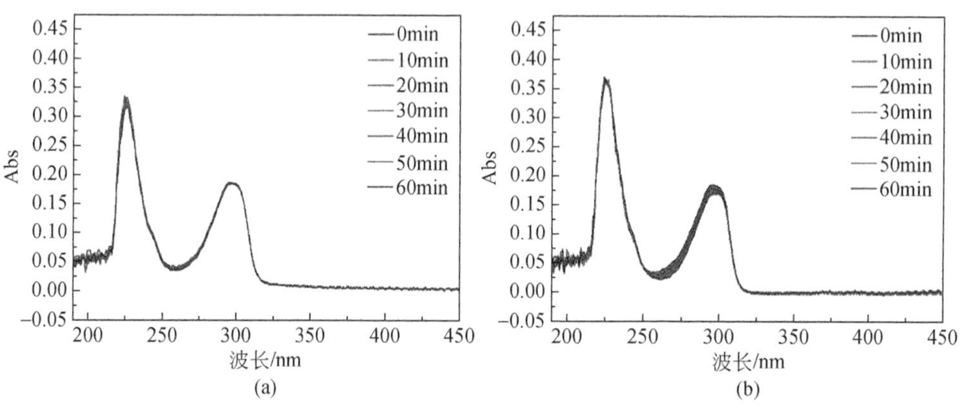

图 7-20 肉桂醛–氨基酸席夫碱抑菌膜对维生素 E 的紫外保护作用

(a)肉桂醛–谷氨酸席夫碱抑菌膜包裹维生素 E 溶液;(b)肉桂醛–天冬氨酸席夫碱抑菌膜包裹维生素 E 溶液

经肉桂醛–氨基酸席夫碱抑菌膜保护的维生素 E 溶液在紫外光条件下暴露不同时间,谱图基本一样,未观察到明显变化,所以不分别标注不同暴露时间的线条

醛–氨基酸席夫碱抑菌膜的颜色进行了表征。制备的抑菌膜的 a^*、b^*、L^*、ΔE 列于表 7-15 和表 7-16。从数据可以看出,肉桂醛–氨基酸席夫碱的加入对膜的 a^* 值、b^* 值和 ΔE 有明显的影响[147]。

L^* 值代表了无反射光的白度。从表 7-15 和表 7-16 中可以看出，随着肉桂醛-谷氨酸席夫碱添加量的增加，膜的 L^* 明显增加，从 55.05 增加至 59.32。而对于肉桂醛-天冬氨酸席夫碱则没有引起 L^* 明显的变化。

a^* 在色度空间里面代表红绿色轴，正值为红色，负值为绿色[150]。肉桂醛-谷氨酸席夫碱的加入使 a^* 值更负，膜的红绿色色调变得更绿。而肉桂醛-天冬氨酸席夫碱则表现出了相反的情况，其加入使 a^* 变得更正，趋向于红色。

b^* 在色度空间里面代表黄蓝色轴，正值代表黄色的程度，负值代表蓝色的程度。随着席夫碱添加量的增加，膜的黄色程度越深[147]。这也和实际肉眼看到的结果一样。由于活性物质本身颜色的影响，单从 b^* 值大小的比较，肉桂醛-天冬氨酸席夫碱抑菌膜的 b^* 较小，主要是由于肉桂醛-天冬氨酸席夫碱本身颜色为浅黄色。而肉桂醛-谷氨酸席夫碱是橘黄色。

ΔE 为材料和对照品相比较的总色差变化，可根据式(7-3)计算得到，反映了材料和对照样相比总体的色差变化情况。从表 7-15 和表 7-16 可以看出，肉桂醛-天冬氨酸席夫碱添加量能够引起抑菌膜材料明显的色差变化。

表 7-15　肉桂醛-谷氨酸席夫碱膜抑菌的色差参数

序号	L^*	a^*	b^*	ΔE
PVA	55.05±0.12	−0.50±0.25	0.20±0.09	36.50±0.11
PVA-G-0.5	55.08±0.29	−0.64±0.13	0.22±0.06	36.46±0.29
PVA-G-1	55.12±0.36	−1.03±0.49	0.31±0.10	36.41±0.36
PVA-G-3	56.90±1.26	−0.36±0.00	0.48±0.05	34.63±0.30
PVA-G-5	59.29±0.13	−0.97±0.10	1.76±0.04	32.16±0.14
PVA-G-7	59.32±0.28	−1.11±0.06	3.45±0.53	32.11±0.56

表 7-16　肉桂醛-天冬氨酸席夫碱抑菌膜的色差参数

序号	L^*	a^*	b^*	ΔE
PVA	55.05±0.12	−0.50±0.25	0.20±0.09	36.50±0.11
PVA-A-0.5	54.16±0.06	−0.04±0.04	0.51±0.06	37.37±0.06
PVA-A-1	54.24±0.27	−0.09±0.03	0.58±0.02	37.29±0.27
PVA-A-3	54.19±0.04	−0.02±0.10	0.68±0.06	37.33±0.04
PVA-A-5	54.36±0.02	0.08±0.01	0.52±0.08	37.18±0.02
PVA-A-7	54.84±0.14	0.20±0.09	0.54±0.29	36.70±0.14

7. 抑菌膜 SEM 分析

为了更好的探索膜材料的结构性质关系，采用扫描电镜进行分析，如图 7-21

所示。

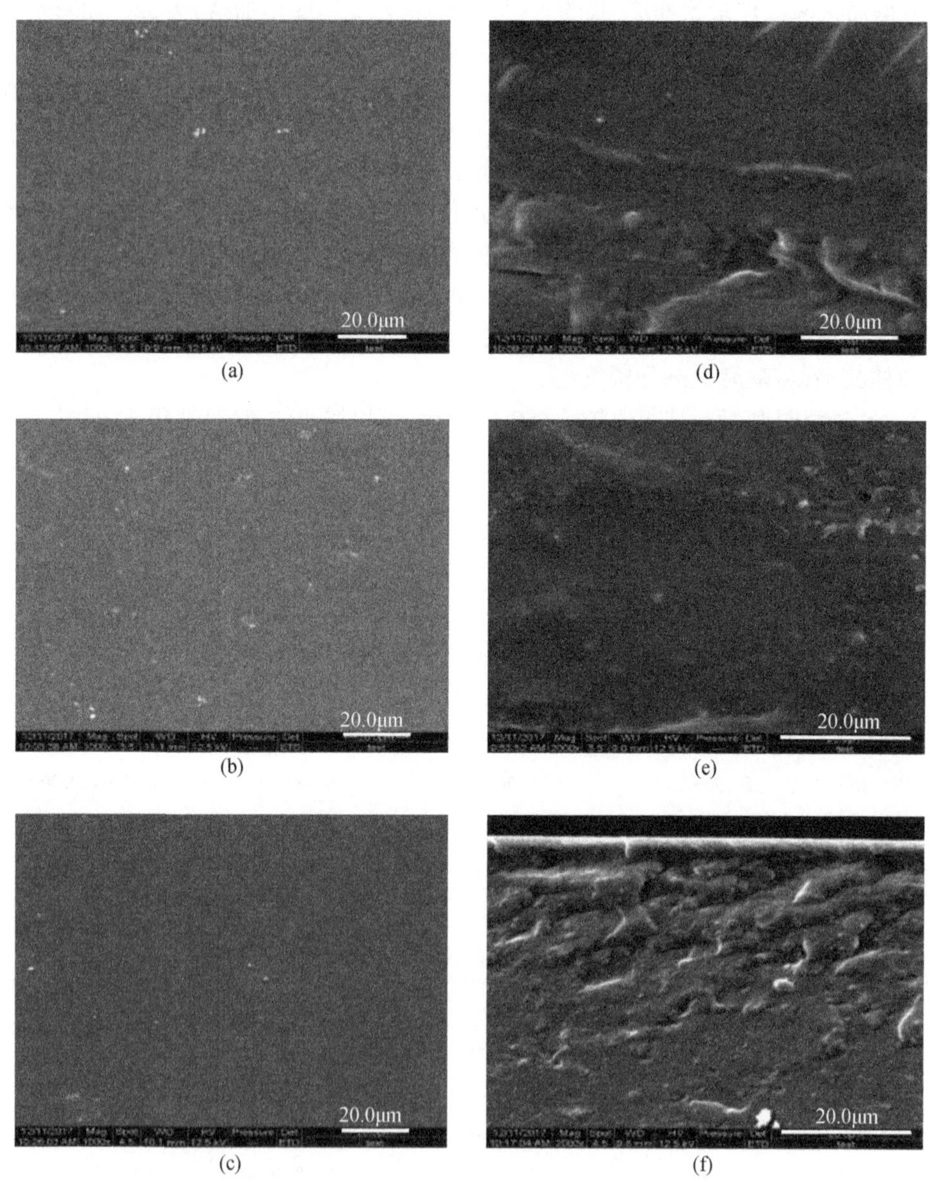

图 7-21　抑菌膜的 SEM 图

(a)、(b)、(c)抑菌膜的表面图;(d)、(e)、(f)抑菌膜的断面图;(a)、(d)对照膜;
(b)、(e)肉桂醛-谷氨酸席夫碱膜;(c)、(f)肉桂醛-天冬氨酸席夫碱膜

图 7-21 为抑菌膜的 SEM 图,图中(a) ~ (c)为抑菌膜的表面形貌,从图中可以看出抑菌膜表面平整、光滑;肉桂醛-氨基酸席夫碱的加入并没有明显改变膜的表

面形貌,这是由于肉桂醛-氨基酸席夫碱这类小分子物质与膜基质材料 PVA 之间有很好的相容性。在抑菌膜的 SEM 断面图(d)～(f)中,对照膜和抑菌膜断面图并没有明显的不同,只是有少许的颗粒状物质,有可能是膜在干燥过程中将空气中的颗粒状物质固定在了膜中。在后续关于膜的实物图中也可以看出膜具有很高的透明度,这主要是由于肉桂醛-氨基酸席夫碱类化合物具有较好的水溶性。

8. 抑菌膜机械性能

膜的机械性能是极其重要的性质,作为包装材料必须表现出足够的机械强度来维持在处理加工和储藏过程中膜的完整性。各组膜的机械性能测试结果如图 7-22 和图 7-23 所示。实验测得 PVA 空白膜的拉伸强度为 34. 28MPa。这与文献中的 PVA 膜的拉伸强度相近。从图 7-22 可以看出,肉桂醛-氨基酸席夫碱的加入对膜的拉伸强度有非常明显的影响。随着肉桂醛-氨基酸席夫碱的加入,膜的拉伸强度有先增加后减小的趋势,这可能是由于少量的肉桂醛-氨基酸席夫碱化合物包覆在 PVA 膜中时,小分子物质填充到 PVA 分子链间,与 PVA 的羟基形成了氢键作用,使得膜分子间相互作用力增大,从而膜的拉伸强度有所增加。另外,低含量的席夫碱在膜内有很好的分散性和相容性,使得肉桂醛-氨基酸席夫碱和膜材料之间接触面积增加,更加有利于氢键的形成。

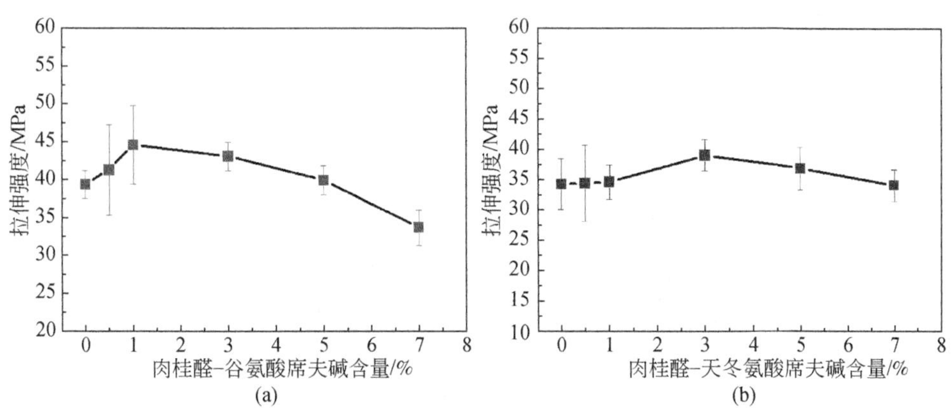

图 7-22　包覆不同含量肉桂醛-氨基酸席夫碱对抑菌膜的拉伸强度的影响
(a)肉桂醛-谷氨酸席夫碱添加量对抑菌膜拉伸强度的影响;(b)肉桂醛-天冬氨酸席夫碱添加量对抑菌膜拉伸强度的影响

然而,随着肉桂醛-氨基酸席夫碱添加量的增加,肉桂醛-氨基酸席夫碱在膜内聚集,破坏了复合膜的结构,降低了膜的拉伸性能。肉桂醛-天冬氨酸席夫碱和肉桂醛-谷氨酸席夫碱在膜中的添加量分别在 3% 和 5% 时出现了拉伸强度减弱的趋势。根据常规的标准,包装膜材料的拉伸强度必须大于 3. 3MPa,而肉桂醛-氨基酸席夫碱抑菌膜的拉伸强度在 30.26 ~ 44.57MPa 之间，这是一个很好的区间，在这个区间内膜作为包装材料可以任意处理[85]。

从图 7-23 可以看出，随着肉桂醛-氨基酸席夫碱加入量的增加，膜的断裂伸长率出现明显增加，并趋于稳定的情况。在肉桂醛-氨基酸席夫碱添加量较小（0 ~ 1%），膜的断裂伸长率并没有发生明显的变化，明显的增加出现在添加量在 3% 以后。

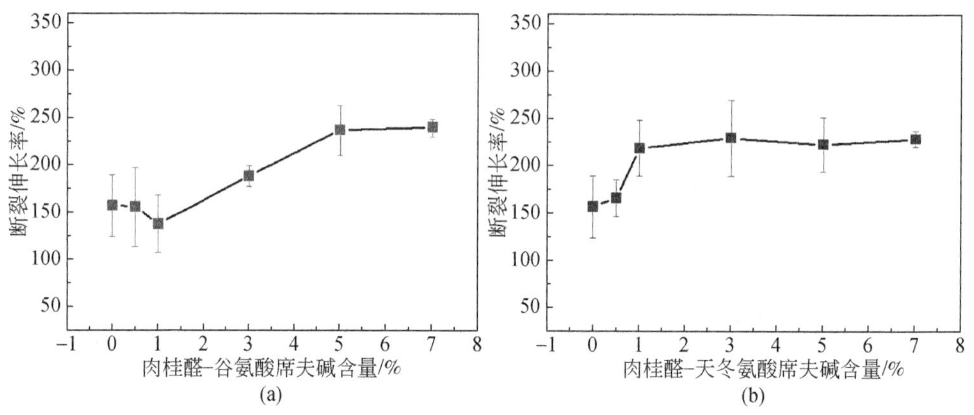

图 7-23　包覆不同含量肉桂醛-氨基酸席夫碱对抑菌膜的断裂伸长率的影响

9. 抑菌膜水蒸气透过系数分析（WVP）

水蒸气渗透性是用于表征一个材料水蒸气渗透的难易程度[151]。决定食品质量的因素是物理化学改变和质量转移现象或者食品和周围介质间发生了化学反应。水、氧气和气味等这些物质在材料间的转移是需要被控制的。其中最主要的考虑是水的转移。抑菌膜的水蒸气渗透性随着活性物质肉桂醛-氨基酸席夫碱的加入发生了变化。肉桂醛-氨基酸席夫碱对抑菌膜水蒸气渗透性的影响如图 7-24 所示。随着席夫碱添加量的增加，抑菌膜的水蒸气渗透缓慢增加，当席夫碱添加量达到 7% 时，两种抑菌膜的水蒸气渗透性分别增加到了（4.76±0.29）g/（s · m · Pa）和（$7.86\pm0.89\times10^{-11}$）g/（s · m · Pa）。这主要是由于肉桂醛-氨基酸席夫碱是亲水性物质，席夫碱的加入导致了膜亲水-亲油比例含量的变化，这对膜水蒸气的渗透过程有直接的影响。一般来说，亲油成分的加入能够明显地改善膜材料的水蒸气渗透能力，一般材料亲油比例的增加会使得膜的水蒸气渗透性增加。例如精油的加入能够明显降低膜包装材料的水蒸气渗透性[152]。

10. 抑菌膜 CO_2 气体透过率分析

包装材料的透气性直接影响产品的质量，具有较小透气性的包装材料对外界

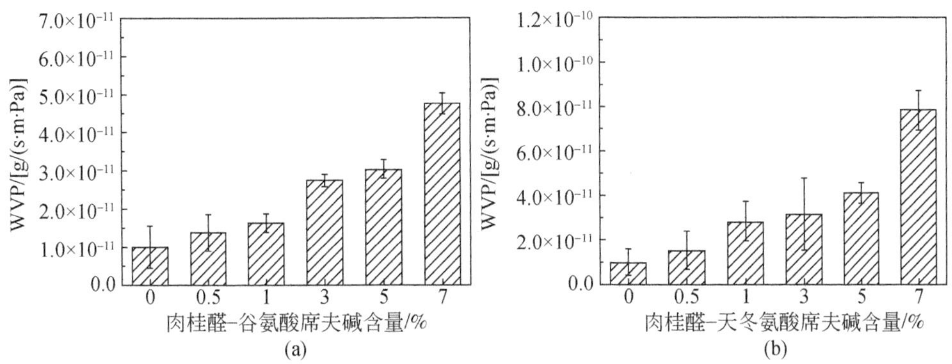

图 7-24　包覆不同含量肉桂醛–氨基酸席夫碱对抑菌膜水蒸气渗透性（WVP）的影响

（a）肉桂醛–谷氨酸席夫碱；（b）肉桂醛–天冬氨酸席夫碱

气体具有很好的阻隔性，防止外界环境与包装内气体的交换，阻止食品的氧化等过程。肉桂醛–谷氨酸席夫碱抑菌膜的 CO_2 透过系数列于表 7-17。

表 7-17　肉桂醛–谷氨酸席夫碱抑菌膜的 CO_2 透过率

[单位：$cm^3/(m^2 \cdot 24h \cdot 0.1MPa)$]

名称	CO_2 透气量（P_{CO_2}）	名称	CO_2 透气量（P_{CO_2}）
PVA	1.223	PVA	1.223
PVA-G-0.5	0.507	PVA-A-0.5	0.288
PVA-G-1	0.606	PVA-A-1	0.627
PVA-G-3	0.939	PVA-A-3	0.428
PVA-G-5	0.943	PVA-A-5	0.761
PVA-G-7	0.980	PVA-A-7	1.081

从表 7-17 可以看出，与纯 PVA 膜相比较，席夫碱添加造成膜的透气量出现了明显减小，当肉桂醛–谷氨酸席夫碱的添加量为 0.5% 时，膜的透气量分别为纯 PVA 膜的 41.45%（PVA-G-0.5）和 23.55%（PVA-A-0.5%）。然而随着添加量的继续增加，两种抑菌膜透气量出现了轻微的增加趋势，但都没有超过对照膜的透气量。这可能是由于少量的肉桂醛–谷氨酸席夫碱小分子物质在成膜的过程中与 PVA 形成了氢键，分布于 PVA 的高分子链中。这样的分布导致了 PVA 分子链间的空隙被填满。所以在测试压力下，抑菌膜气体透过量低于对照膜。

参 考 文 献

[1] 周明,陈征义,申书婷.肉桂醛的研究进展.经济动物学报,2015,19(1):1-5,15-16.

[2] Atarés L,Bonilla J,Chiralt A. Characterization of sodium caseinate-based edible films incorporated with cinnamon or ginger essential oils. Journal of Food Engineering,2010,100(4):678-687.

[3] Calo J R,Crandall P G,O'Bryan C A,et al. Essential oils as antimicrobials in food systems-a review. Food Control,2015,54:111-119.

[4] 宋旸.肉桂醛的合成研究进展.山东化工,2013,42(3):35-36.

[5] 李凤清.植物精油的抑菌评价及其应用.南京:南京师范大学,2014.

[6] 何龙,鹿骋,高飞.肉桂醛绿色合成新方法.化工学报,2005,56(5):857-860.

[7] 李京晶,籍保平,周峰,等.丁香和肉桂挥发油的提取、主要成分测定及其抗菌活性研究.食品科学,27(8):64-68.

[8] Cocchiara J,Letizia C,Lalko J,et al. Fragrance material review on cinnamaldehyde. Food and Chemical Toxicology,2005,43(6):867-923.

[9] 滕占才,毕洪梅.聚乙二醇催化肉桂醛合成方法研究.化学与粘合,2003,(1):32-33.

[10] Cheng S S,Liu J Y,Hsui Y R,et al. Chemical polymorphism and antifungal activity of essential oils from leaves of different provenances of indigenous cinnamon(cinnamomum osmophloeum). Bioresource Technology,2006,97(2):306-312.

[11] Xing Y,Li X,Xu Q,et al. Effects of chitosan coating enriched with cinnamon oil on qualitative properties of sweet pepper(capsicum annuum L.). Food Chemistry,2011,124(4):1443-1450.

[12] 戴向荣,蒋立科,罗曼.肉桂醛抑制黄曲霉机理初探.食品科学,2008,(1):36-40.

[13] Zhang Y,Liu X,Wang Y,et al. Antibacterial activity and mechanism of cinnamon essential oil against escherichia coli and staphylococcus aureus. Food Control,2016,59:282-289.

[14] Silva C d,Silva D L,Modolo L,et al. Schiff Bases:A short review of their antimicrobial activities. Journal of Advanced Research,2011,2(1):1-8.

[15] Skvortsov A,Uvarov V,Vekki D De,et al. Conformational analysis,spectral and catalytic properties of 1,3-Thiazolidines,ligands for acetophenone hydrosilylation with diphenylsilane. Russian Journal of General Chemistry,2010,80(10):2007-2021.

[16] 张欣,覃章兰,肖蒙.含三氮唑环和噻吩环席夫碱的合成及其杀菌活性.农药学学报,2005,7(4):353-356.

[17] 全贞兰,陈慎豪,华兰,等.席夫碱在铜表面上的自组装膜的 STM 和 XPS 研究.科学通报,2001,46(19):1618-1621.

[18] Li J,Dong J,Cui H,et al. A copper(Ii)complex of the schiff base from L-valine and 2-hydroxy-1-naphthalidene plus 1,10- phenanthroline: synthesis, crystal structure, and DNA interaction.

Transition Metal Chemistry,2012,37(2):175-182.

[19] Kulkarni A D,Patil S A,Naik V H,et al. DNA cleavage and antimicrobial investigation of Co(Ⅱ),Ni(Ⅱ),and Cu(Ⅱ) complexes with triazole schiff bases:synthesis and spectral characterization. Medicinal Chemistry Research,2011,20(3):346-354.

[20] Sharma U K,Sood S,Sharma N,et al. Synthesis and SAR investigation of natural phenylpropene-derived methoxylated cinnamaldehydes and their novel schiff bases as potent antimicrobial and antioxidant agents. Medicinal Chemistry Research,2013,22(11):5129-5140.

[21] El Behery M,El Twigry H. Synthesis,magnetic,spectral,and antimicrobial studies of Cu(Ⅱ),Ni(Ⅱ)Co(Ⅱ),Fe(Ⅲ),and UO_2(Ⅱ) complexes of a new schiff base hydrazone derived from 7-chloro-4-hydrazinoquinoline. Spectrochimica Acta Part A:Molecular and Biomolecular Spectroscopy,2007,66(1):28-36.

[22] Kumar G,Kumar D,Devi S,et al. Synthesis,spectral characterization and antimicrobial evaluation of schiff base Cu(Ii),Ni(Ii) and Co(Ii) complexes. European Journal of Medicinal Chemistry,2010,45(7):3056-3062.

[23] 梁小蕊,王刚,江炎兰,等. 水杨醛缩对乙酰基苯胺席夫碱的合成及其荧光性质的理论研究. 光谱学与光谱分析,2013,33(12):3259-3262.

[24] Wei Q Y,Xiong J J,Jiang H,et al. The antimicrobial activities of the cinnamaldehyde adducts with amino acids. International Journal of Food Microbiology,2011,150(2):164-170.

[25] Shi L,Ge H M,Tan S H,et al. Synthesis and antimicrobial activities of schiff bases derived from 5-chloro-salicylaldehyde. European Journal of Medicinal Chemistry,2007,42(4):558-564.

[26] 金晓晓,王江涛,白洁. 壳聚糖与肉桂醛的缩合反应制备席夫碱及其抑菌活性研究. 高校化学工程学报,2010,24(4):645-650.

[27] Shreaz S,Sheikh R A,Bhatia R,et al. Antifungal activity of a-methyl trans cinnamaldehyde,its ligand and metal complexes: promising growth and ergosterol inhibitors. Biometals,2011,24(5):923.

[28] Joseph J,Janaki G B. Synthesis,structural characterization and biological studies of copper complexes with 2-aminobenzothiazole derivatives. Journal of Molecular Structure,2014,1063:160-169.

[29] Bayrak H,Demirbas A,Karaoglu S A,et al. Synthesis of some new 1,2,4-triazoles,their mannich and schiff bases and evaluation of their antimicrobial activities. European Journal of Medicinal Chemistry,2009,44(3):1057-1066.

[30] Kubinyi H. QSAR and 3D QSAR in drug design part 1:methodology. Drug Discovery Today,1997,2(11):457-467.

[31] Groll M,Clausen T. Molecular shredders:how proteasomes fulfill their role. Current Opinion in Structural Biology,2003,13(6):665-673.

[32] Bi S,Wang A,Bi C,et al. Coordination polymer of zinc based on chiral non-racemic trans-*N*,*N*′-Bis-(2-hydroxy-1-naphthalidehydene)-(1r,2r)-cyclohexa-nediamine:synthesis,crystal structure,novel coordinational models and anticancer activity. Inorganic Chemistry Communications,

2012,15:167-171.

[33] Li H,Sun J,Fan X,et al. Considerations and recent advances in QSAR models for cytochrome P450-mediated drug metabolism prediction. Journal of Computer-Aided Molecular Design,2008,22(11):843.

[34] Tetko I V,Sushko I,Pandey A K,et al. Critical assessment of QSAR models of environmental toxicity against tetrahymena pyriformis: focusing on applicability domain and overfitting by variable selection. Journal of Chemical Information and Modeling,2008,48(9):1733-1746.

[35] Zhu H,Tropsha A,Fourches D,et al. Combinatorial QSAR modeling of chemical toxicants tested against tetrahymena pyriformis. Journal of Chemical Information and Modeling,2008,48(4):766-784.

[36] 任伟,孔德信. 定量构效关系研究中分子描述符的相关性. 计算机与应用化学,2009,26(11):1455-1458.

[37] Karelson M,Lobanov V S,Katritzky A R. Quantum-chemical descriptors in QSAR/QSPR studies. Chemical Reviews,1996,96(3):1027-1044.

[38] 郭春伟. 表面活性剂相关系统的构效关系及应用. 杭州:浙江大学,2012.

[39] 高峰. 紫杉醇类似物二维定量构效关系的研究. 大连:大连理工大学,2010.

[40] 夏冬辉. 分子对接和定量构效关系研究环糊精毛细管电泳手性分离机理. 西安:西北大学,2009.

[41] Devillers J,Balaban A T. Topological indices and related descriptors in QSAR and QSPR. CRC Press,2000.

[42] Livingstone D J. Building QSAR models:a practical guide. USA,Boca Raton FL:CRC Press,2004.

[43] Liu P,Long W. Current mathematical methods used in QSAR/QSPR studies. International Journal of Molecular Sciences,2009,10(5):1978-1998.

[44] Lü W,Chen Y,Ma W,et al. QSAR study of neuraminidase inhibitors based on heuristic method and radial basis function network. European Journal of Medicinal Chemistry,2008,43(3):569-576.

[45] Liu K,Xia B,Ma W,et al. Quantitative structure-activity relationship modeling of triaminotriazine drugs based on heuristic method. Molecular Informatics,2008,27(4):425-431.

[46] 胡俊杰. 计算化学在抗癌药物研究和原子化能预测中的应用. 兰州:兰州大学,2008.

[47] Rosipal R,Krämer N. Overview and recent advances in partial least squares. In: subspace,latent structure and feature selection. Springer,2006:34-51.

[48] Tropsha A,Gramatica P,Gombar V K. The importance of being earnest: validation is the absolute essential for successful application and interpretation of QSPR models. Molecular Informatics,2003,22(1):69-77.

[49] Golbraikh A,Tropsha A. Predictive QSAR modeling based on diversity sampling of experimental datasets for the training and test set selection. Molecular Diversity,2000,5(4):231-243.

[50] Roy K. On some aspects of validation of predictive quantitative structure-activity relationship models. Expert Opinion on Drug Discovery,2007,2(12):1567-1577.

[51] Si H Z, Wang T, Zhang K J, et al. QSAR study of 1,4- dihydropyridine calcium channel antagonists based on gene expression programming. Bioorganic & Medicinal Chemistry, 2006, 14(14):4834-4841.

[52] 王宗德,宋杰,姜志宽,等. 松节油基萜类蚂蚁驱避剂的驱避活性与定量构效关系研究. 林产化学与工业,2009,29(S1):47-53.

[53] 李加忠. QSAR 研究中提高模型预测能力的新方法探讨及其在药物化学中的应用. 兰州:兰州大学,2009.

[54] 赵春燕. QSAR 研究在生命分析化学和环境化学中的应用. 兰州:兰州大学,2006.

[55] Stanton D T, Jurs P C. Development and use of charged partial surface area structural descriptors in computer- assisted quantitative structure- property relationship studies. Analytical Chemistry, 1990, 62(21):2323-2329.

[56] 曲丽华,叶非,付颖. QSAR 在环境毒理学方面的应用及研究进展. 广州环境科学,2012,(3):1-3.

[57] 覃礼堂,刘树深,肖乾芬,等. QSAR 模型内部和外部验证方法综述. 环境化学,2013,32(7):1205-1211.

[58] Wang Z, Song J, Chen J, et al. QSAR study of mosquito repellents from terpenoid with a six-member- ring. Bioorganic & Medicinal Chemistry Letters, 2008, 18(9):2854-2859.

[59] 许勇,苏永庆,姚运红. 高通量筛选药动学模型的研究进展. 药学服务与研究,2009,(3):218-221.

[60] 于淑晶,边强,王满意,等. 高通量筛选技术在农用杀菌剂创制研究中的应用. 农药,2012,(8):550-553,564.

[61] 沈辰,郑珩,顾觉奋. 高通量筛选在微生物制药中的应用进展. 中国医药生物技术,2012,(6):449-452.

[62] 邱立红,张文吉,王成菊,等. 高通量筛选在新农药创制研究中的应用. 农药科学与管理,2002(5):20-24+32.

[63] 黄家学,胡娟娟,杜冠华. 化合物药物活性的高通量筛选. 中国药理学通报,1999,(5):401-403.

[64] Speck- Planche A, Kleandrova V V, Luan F, et al. Rational drug design for anti- cancer chemotherapy: multi- target QSAR models for the in silico discovery of anti- colorectal cancer agents. Bioorganic & Medicinal Chemistry, 2012, 20(15):4848-4855.

[65] Wang H, Nguyen T T H, Li S, et al. Quantitative structure- activity relationship of antifungal activity of rosin derivatives. Bioorganic & Medicinal Chemistry Letters, 2015, 25(2):347-354.

[66] Liu X H, Shi Y X, Ma Y, et al. Synthesis, antifungal activities and 3D-QSAR study of *N*-(5-substituted-1,3,4- thiadiazol- 2- Yl) cyclopropanecarboxamides. European Journal of Medicinal Chemistry, 2009, 44(7):2782-2786.

[67] Li F, Chen J, Wang Z, et al. Determination and prediction of xenoestrogens by recombinant yeast-based assay and QSAR. Chemosphere, 2009, 74(9):1152-1157.

[68] 崔晓东. QSAR 方法在有机化合物毒性评估中的应用. 广州:华南理工大学,2012.

[69] Gómez-Estaca J, López-de-Dicastillo C, Hernández-Muñoz P, et al. Advances in antioxidant active food packaging. Trends in Food Science & Technology, 2014, 35(1): 42-51.

[70] Zhang Y, Li D, Lv J, et al. Effect of cinnamon essential oil on bacterial diversity and shelf-life in vacuum-packaged common carp (Cyprinus Carpio) during refrigerated storage. International Journal of Food Microbiology, 2017, 249: 1-8.

[71] Anuar H, Nur Fatin Izzati A B, Sharifah Nurul Inani S M, et al. Impregnation of cinnamon essential oil into plasticised polylactic acid biocomposite film for active food packaging. Journal of Packaging Technology and Research, 2017, 1(3): 149-156.

[72] 张轲. 植物精油生物活性及其保鲜剂的研究. 天津: 天津科技大学, 2011.

[73] Vergis J, Gokulakrishnan P, Agarwal R, et al. Essential oils as natural food antimicrobial agents: a review. Critical Reviews in Food Science and Nutrition, 2015, 55(10): 1320-1323.

[74] Ya L Chun, Lin W Chi, Tzen C Shang. Evaluating the potency of cinnamaldehyde as a natural wood preservative. USA wyoming: The International Research Group on Wood Preservation, 2007.

[75] Matan N, Rimkeeree H, Mawson A, et al. Antimicrobial activity of cinnamon and clove oils under modified atmosphere conditions. International Journal of Food Microbiology, 2006, 107(2): 180-185.

[76] 陈立平, 张慧萍, 陈光, 等. 肉桂油成分分析及肉桂醛体外抗肿瘤活性研究. 中国微生态学杂志, 2012, 24(4): 55-60.

[77] 张娜娜, 张辉, 马丽, 等. 肉桂醛对番茄采后灰霉病的抑制作用及其对品质的影响. 食品科学, 2014, 35(14): 251-255.

[78] Sanga A l. Role of cinnamon as beneficial antidiabetic food adjunct: a review. Advances in Applied Science Research, 2011, 2(4): 440-450.

[79] Borchert N B, Kerry J P, Papkovsky D B. A CO_2 sensor based on Pt-porphyrin dye and fret scheme for food packaging applications. Sensors and Actuators B: Chemical, 2013, 176: 157-165.

[80] Vilela C, Pinto R J B, Coelho J, et al. Bioactive chitosan/ellagic acid films with UV-light protection for active food packaging. Food Hydrocolloids, 2017, 73: 120-128.

[81] Ojagh S M, Rezaei M, Razavi S H. Improvement of the storage quality of frozen rainbow trout by chitosan coating incorporated with cinnamon oil. Journal of Aquatic Food Product Technology, 2014, 23(2): 146-154.

[82] Higueras L, López-Carballo G, Gavara R, et al. Reversible covalent immobilization of cinnamaldehyde on chitosan films via schiff base formation and their application in active food packaging. Food and Bioprocess Technology, 2015, 8(3): 526-538.

[83] Souza A, Goto G, Mainardi J, et al. Cassava starch composite films incorporated with cinnamon essential oil: antimicrobial activity, microstructure, mechanical and barrier properties. LWT-Food Science and Technology, 2013, 54(2): 346-352.

[84] Hosseini M H, Razavi S H, Mousavi M A. Antimicrobial, physical and mechanical properties of chitosan-based films incorporated with thyme, clove and cinnamon essential oils. Journal of Food Processing and Preservation, 2009, 33(6): 727-743.

[85] 于文喜.果胶/纤维素基抗菌膜制备及抗菌剂释放研究.无锡:江南大学,2017.

[86] 李倩.席夫碱及其金属配合物的合成和生物活性的研究.万方数据资源系统,2012.

[87] Halli M B,Sumathi R B. Synthesis,spectroscopic,antimicrobial and DNA cleavage Studies of new Co(Ⅱ),Ni(Ⅱ),Cu(Ⅱ),Cd(Ⅱ),Zn(Ⅱ) and Hg(Ⅱ) complexes with naphthofuran-2-carbohydrazide schiff base. Journal of Molecular Structure,2012,1022:130-138.

[88] 马亚军,王瑞斌.新型席夫碱及其 Cu(Ⅱ),Co(Ⅱ)配合物的合成及其催化性质研究.化学试剂,2010,32(9):829-831.

[89] Rieger K A, Schiffman J D. Electrospinning an essential oil: cinnamaldehyde enhances the antimicrobial efficacy of chitosan/poly(ethylene oxide) nanofibers. carbohydrate polymers,2014, 113:561-568.

[90] Sinha D,Tiwari A K, Singh S, et al. Synthesis, characterization and biological activity of schiff base analogues of indole-3-carboxaldehyde. European Journal of Medicinal Chemistry, 2008, 43(1):160-165.

[91] 张四纯,李华. *N*-四氢苯并噻唑亚胺 Schiff 碱的化学发光测定.高等学校化学学报,2000, 21(12):1815-1819.

[92] 张园园.肉桂醛抑菌衍生物的合成及其定量构效关系.哈尔滨:东北林业大学,2013.

[93] 庄美华.取代肉桂醛的合成.江苏农学院学报,1991,(3):6,24.

[94] 何小莲.新型含 *N* 化合物和磷酸单酯的合成、表征及化学发光性质研究.青岛:青岛科技大学,2008.

[95] Zhang Y Y, Li S J. Synthesis of cinnamaldehyde hydroxyl sulfonic sodium and its anti-fungal activity. Advanced Materials Research,2011:1942-1946.

[96] Akimoto Y,Nito S,Urakubo G. Studies on the metabolic fate of a-bromocinnamaldehyde(an antifungal agent) in rat. Eisei Kagaku,1988,34(4):303-312.

[97] Li S Y, Wang J, Li S J, et al. Synthesis and characterization of bis-*N*-(3-rosin acyloxy-2-hydroxyl) propyl-*N*,*N* dimethylamine. Advanced Materials Research,2010:2197-2200.

[98] Katritzky A R, Dobchev D A, Fara D C, et al. QSAR studies on 1-phenylbenzimidazoles as inhibitors of the platelet-derived growth factor. Bioorganic & Medicinal Chemistry,2005,13(24): 6598-6608.

[99] Yao X,Panaye A,Doucet J P,et al. Comparative study of QSAR/QSPR correlations using support vector machines,radial basis function neural networks,and multiple linear regression. Journal of Chemical Information and Computer Sciences,2004,44(4):1257-1266.

[100] Palaz S,Türkkan B,Eroğlu E. A QSPR study for the prediction of the Pka of *N*-base ligands and formation constant K_c of bis(2,2′-bipyridine) platinum(Ⅱ)-*N*-base adducts using quantum mechanically derived descriptors. ISRN Physical Chemistry,2012,2012:260171.

[101] Lather V,Fernandes M X. QSAR models for prediction of pparδ agonistic activity of indanylacetic acid derivatives. QSAR & Combinatorial Science,2009,28(4):447-457.

[102] Taemm K,Fara D C,Katritzky A R,et al. A quantitative structure-property relationship study of lithium cation basicities. The Journal of Physical Chemistry A,2004,108(21):4812-4818.

[103] Katritzky A R, Petrukhin R, Yang H, et al. Codessa pro. user's manual. USA: University of Florida, 2002.

[104] Li X, Luan F, Si H, et al. Prediction of retention times for a large set of pesticides or toxicants based on support vector machine and the heuristic method. Toxicology letters, 2007, 175(1-3): 136-144.

[105] 翟珊珊. 氨基酸芳香醛席夫碱镍配合物的合成、结构及与 DNA 和 BSA 的相互作用. 聊城: 聊城大学, 2014.

[106] Magwa N P. A spectroscopic study of the electronic effects on copper(Ⅱ) and copper(Ⅰ) complexes of ligands derived from various substituted benzyaldehyde-and cinnamaldehyde-based schiff bases. Rhodes University, 2010.

[107] Wang H, Yuan H, Li S, et al. Synthesis, antimicrobial activity of schiff base compounds of cinnamaldehyde and amino acids. Bioorganic & Medicinal Chemistry Letters, 2016, 26(3): 809-813.

[108] Dai L, Zang C, Tian S, et al. Design, Synthesis, and evaluation of caffeic acid amides as synergists to sensitize fluconazole- resistant candida albicans to fluconazole. Bioorganic & Medicinal Chemistry Letters, 2015, 25(1): 34-37.

[109] Wang S Y, Chen P F, Chang S T. Antifungal activities of essential oils and their constituents from indigenous cinnamon (cinnamomum osmophloeum) leaves against wood decay fungi. Bioresource Technology, 2005, 96(7): 813-818.

[110] Makwana S, Choudhary R, Dogra N, et al. Nanoencapsulation and immobilization of cinnamaldehyde for developing antimicrobial food packaging material. LWT- Food Science and Technology, 2014, 57(2): 470-476.

[111] Oida S, Tajima Y, Konosu T, et al. Synthesis and antifungal activities of r- 102557 and related dioxane- triazole derivatives. Chemical and Pharmaceutical Bulletin, 2000, 48(5): 694-707.

[112] Fatemi M H, Ghorbanzad'e M. In silico prediction of nematic transition temperature for liquid crystals using quantitative structure-property relationship approaches. Molecular Diversity, 2009, 13(4): 483.

[113] Marković V, Erić S, Stanojković T, et al. Antiproliferative activity and QSAR studies of a series of new 4- aminomethylidene derivatives of some pyrazol-5-ones. Bioorganic & Medicinal Chemistry Letters, 2011, 21(15): 4416-4421.

[114] Roy P P, Roy K. QSAR studies of cyp2d6 inhibitor aryloxypropanolamines using 2D and 3D descriptors. Chemical Biology & Drug Design, 2009, 73(4): 442-455.

[115] Massarelli I, Coi A, Pietra D, et al. QSAR study on a novel series of 8- azaadenine analogues proposed as a 1 adenosine receptor antagonists. European Journal of Medicinal Chemistry, 2008, 43(1): 114-121.

[116] Xia B, Ma W, Zhang X, et al. Quantitative structure- retention relationships for organic pollutants in biopartitioning micellar chromatography. Analytica Chimica Acta, 2007, 598(1): 12-18.

[117] Katritzky A R, Slavov S H, Dobchev D A, et al. Rapid QSPR model development technique for prediction of vapor pressure of organic compounds. Computers & Chemical Engineering, 2007,

31(9):1123-1130.

[118] Girgis A S, Saleh D O, George R F, et al. Synthesis, bioassay, and QSAR study of bronchodilatory active 4h-pyrano [3,2-C] pyridine-3-carbonitriles. European Journal of Medicinal Chemistry, 2015, 89:835-843.

[119] Du H, Wang J, Hu Z, et al. Quantitative structure-retention relationship study of the constituents of saffron aroma in SPME-GC-MS based on the projection pursuit regression method. Talanta, 2008, 77(1):360-365.

[120] Ivanciuc O, Ivanciuc T, Filip P A, et al. Estimation of the liquid viscosity of organic compounds with a quantitative structure-property model. Journal of Chemical Information and Computer Sciences, 1999, 39(3):515-524.

[121] Sun H, Zhao T, Zhang X, et al. Series of 5-Ht2c agonists. J Comput Sci Eng, 2015, 21:671-676.

[122] Couling D J, Bernot R J, Docherty K M, et al. Assessing the factors responsible for ionic liquid toxicity to aquatic organisms via quantitative structure- property relationship modeling. Green Chemistry, 2006, 8(1):82-90.

[123] Long W, Xiang J, Wu H, et al. QSAR modeling of inos inhibitors based on a novel regression method: multi- stage adaptive regression. Chemometrics and Intelligent Laboratory Systems, 2013, 128:83-88.

[124] Borghini A, Pietra D, Domenichelli P, et al. QSAR study on thiazole and thiadiazole analogues as antagonists for the adenosine A1 and A3 receptors. Bioorganic & Medicinal Chemistry, 2005, 13(18):5330-5337.

[125] Eike D M, Brennecke J F, Maginn E J. Predicting melting points of quaternary ammonium ionic liquids. Green Chemistry, 2003, 5(3):323-328.

[126] Jia L, Shen Z, Su P. Relationship between reaction rate constants of organic pollutants and their molecular descriptors during fenton oxidation and in situ formed ferric-oxyhydroxides. Journal of Environmental Sciences, 2016, 43:257-264.

[127] Dutta D, Guha R, Wild D, et al. Ensemble feature selection: consistent descriptor subsets for multiple QSAR models. Journal of Chemical Information and Modeling, 2007, 47(3):989-997.

[128] Xu H, Chu W, Sun W, et al. DFT studies of Ni cluster on graphene surface: effect of CO_2 activation. RSC Advances, 2016, 6(99):96545-96553.

[129] Ghasemi J, Saaidpour S. QSPR modeling of stability constants of diverse 15- crown- 5 ethers complexes using best multiple linear regression. Journal of Inclusion. Phenomena and Macrocyclic Chemistry, 2008, 60(3-4):339-351.

[130] Kaliszan R. Quantitative structure-retention relationships applied to reversed-phase high-performance liquid chromatography. Journal of Chromatography A, 1993, 656(1-2):417-435.

[131] Lv P C, Sun J, Luo Y, et al. Design, synthesis, and structure-activity relationships of pyrazole derivatives as potential fabh inhibitors. Bioorganic & Medicinal Chemistry Letters, 2010, 20(15): 4657-4660.

[132] Jayasekara R, Harding I, Bowater I, et al. Preparation, surface modification and characterisation

of solution cast starch PVA blended films. Polymer Testing,2004,23(1):17-27.

[133] 黎姣. 木材在中国当代建筑中的应用. 上海:同济大学,2008.

[134] 孙芳利,Kakwara P N,吴华平,等. 木竹材防腐技术研究概述. 林业工程学报,2017,2(5):1-8.

[135] 刘添娥,王喜明,王雅梅. 木材防霉和防蓝变的研究现状及发展趋势. 木材加工机械,2014,25(6):65-68.

[136] 曹金珍. 国外木材防腐技术和研究现状. 林业科学,2006,(7):120-126.

[137] 蒋明亮,费本华. 木材防腐的现状及研究开发方向. 世界林业研究,2002,(3):44-48.

[138] 李彤彤,李冠君,李晓文,等. 植物源木材防腐剂的研究进展. 热带农业科学,2018,38(10):85-88.

[139] Wang S Y,Chen P F,Chang S T. Antifungal activities of essential oils and their constituents from indigenous cinnamon (cinnamomum osmophloeum) leaves against wood decay fungi. Bioresource Technology,2005,96(7):813-818.

[140] 余豪,莫建初,黄求应,等. 四种植物精油对黑翅土白蚁触杀和驱避作用. 广西植物,2018,38(4):420-427.

[141] 中国林业科学研究院木材工业研究所. 木材防腐剂对腐朽菌毒性实验室试验方法. 国家林业局,2011:1-16.

[142] 中国林业科学研究院热带林业研究所,中国林业科学研究院木材工业研究所. 防霉剂防治木材霉菌及蓝变菌的试验方法. 国家质量技术监督局,2000:12.

[143] 王丽岩. 壳聚糖基活性包装膜的性能及其在食品贮藏中应用的研究. 长春:吉林大学,2013.

[144] Cui L,Chen P,Chen S,et al. In situ study of the antibacterial activity and mechanism of action of silver nanoparticles by surface- enhanced Raman spectroscopy. Analytical Chemistry,2013,85(11):5436-5443.

[145] Scientific opinion on the criteria to be used for safety evaluation of a mechanical recycling process to produce recycled pet intended to be used for manufacture of materials and articles in contact with food. EFSA Jounral,2011,9(7):2184.

[146] Elkashif M,Medani W,Elamin O,et al. Effects of packaging methods and storage temperature on quality and storability of four introduced banana clones. Gezira Journal of Agricultural Science,2005,3(2):185-195.

[147] Kashiri M,Cerisuelo J P,Domínguez I,et al. Zein films and coatings as carriers and release systems of zataria multiflora boiss. essential oil for antimicrobial food packaging. Food Hydrocolloids,2017,70:260-268.

[148] 韩甜甜. 新型缓释型食品抗氧化包装膜的研发. 无锡:江南大学,2014.

[149] Sung S Y,Sin L T,Tee T T,et al. Antimicrobial Agents for Food Packaging Applications. Trends in Food Science & Technology,2013,33(2):110-123.

[150] Sarwar M S.,Niazi M B K,Jahan Z,et al. Preparation and characterization of PVA/Nanocellulose/Ag nanocomposite films for antimicrobial food packaging. Carbohydrate Polymers,2018,184:453-464.

[151] Etxabide A, Uranga J, Guerrero P, et al. Development of active gelatin films by means of valorisation of food processing waste:a review. Food Hydrocolloids,2017,68:192-198.

[152] Kwon S J,Chang Y,Han J. Oregano essential oil-based natural antimicrobial packaging film to inactivate salmonella enterica and yeasts/molds in the atmosphere surrounding cherry tomatoes. Food Microbiology,2017,65:114-121.